中国新农科水产联盟"十四五"规划教材
教育部首批新农科研究与改革实践项目资助系列教材
水产类专业实践课系列教材
中国海洋大学教材建设基金资助

植物学与植物生理学实验

刘　岩　王巧晗　主编

中国海洋大学出版社
·青岛·

图书在版编目（CIP）数据

植物学与植物生理学实验 / 刘岩，王巧晗主编 . —青岛：中国海洋大学出版社，2021.12

水产类专业实践课系列教材 / 温海深主编

ISBN 978-7-5670-3302-3

Ⅰ.①植… Ⅱ.①刘… ②王… Ⅲ.①植物学—实验—教材 ②植物生理学—实验—教材 Ⅳ.① Q94-33

中国版本图书馆 CIP 数据核字（2022）第 192377 号

出版发行	中国海洋大学出版社	
社　　址	青岛市香港东路 23 号　　邮政编码　266071	
网　　址	http://pub.ouc.edu.cn	
出 版 人	刘文菁	
责任编辑	孙玉苗	
电　　话	0532-85901040	
电子信箱	94260876@qq.com	
印　　制	青岛国彩印刷股份有限公司	
版　　次	2022 年 12 月第 1 版	
印　　次	2022 年 12 月第 1 次印刷	
成品尺寸	170 mm × 230 mm	
印　　张	9.25	
字　　数	132 千	
印　　数	1—1 600	
定　　价	44.00 元	
订购电话	0532-82032573（传真）	

发现印装质量问题，请致电 0532-58700166，由印刷厂负责调换。

总前言

2007—2012 年，按照教育部"高等学校本科教学质量与教学改革工程"的要求，结合水产科学国家级实验教学示范中心建设的具体工作，中国海洋大学水产学院主编出版了水产科学实验教材 6 部，包括《水产动物组织胚胎学实验》《现代动物生理学实验技术》《贝类增养殖学实验与实习技术》《浮游生物学与生物饵料培养实验》《鱼类学实验》《水产生物遗传育种学实验》。这些教材在我校本科教学中发挥了重要作用，部分教材作为实验教学指导书被其他高校选用。

这么多年过去了。如今这些实验教材内容已经不能满足教学改革需求。另外，实验仪器的快速更新客观上也要求必须对上述教材进行大范围修订。根据中国海洋大学水产学院水产养殖、海洋渔业科学与技术、海洋资源与环境 3 个本科专业建设要求，结合教育部《新农科研究与改革实践项目指南》内容，我们对原有实验教材进行优化，并新编实验教材，形成了"水产类专业实践课系列教材"。这一系列教材集合了现代生物技术、虚拟仿真技术、融媒体技术等先进技术，以适应时代和科技发展的新形势，满足现代水产类专业人才培养的需求。2019 年，8 部实践教材被列入中国海洋大学重点教材建设项目，并于 2021 年 5 月验收结题。这些实践教材，不仅满足我校相关专业教学需要，也可供其他涉海高校或农业类高校相关专业使用。

本次出版的 10 部实践教材均属中国新农科水产联盟"十四五"规划教材。教材名称与主编如下：

《现代动物生理学实验技术》（第 2 版）：周慧慧、温海深主编；

《鱼类学实验》（第 2 版）：张弛、于瑞海、马琳主编；

《水产动物遗传育种学实验》：郑小东、孔令锋、徐成勋主编；

《水生生物学与生物饵料培养实验》：梁英、薛莹、马洪钢主编；

《植物学与植物生理学实验》：刘岩、王巧晗主编；

《水环境化学实验教程》：张美昭、张凯强主编；

《海洋生物资源与环境调查实习》：纪毓鹏、任一平主编；

《养殖水环境工程学实验》：董登攀、宋协法主编；

《增殖工程与海洋牧场实验》：盛化香、唐衍力主编；

《海洋渔业技术实验与实习》：盛化香、黄六一主编。

编委会

前言

植物学与植物生理学实验课程是水产养殖学、水生生物学、水族科学与技术、海洋资源与环境等专业植物方向实践教学的重要组成部分。通过本课程的实践教学，能够使学生掌握植物学与植物生理学实验的基本操作技能，加深对植物学与植物生理学基本理论的认知，培养独立思考、求实创新的思维意识，同时引导学生形成严谨认真的科学态度，促进学生综合实践能力的提高。

《植物学与植物生理学实验》一书分为绪论、植物学篇和植物生理学篇。绪论主要介绍了实验课程教学的目的及意义、实验室规则、实验课程的进行方式及对学生的要求等。植物学篇按照植物学教学内容编排实验项目，包括11个基础性实验、2个综合性实验和1个研究性实验，涵盖显微观察和测量方法、生物制片及绘图方法、植物结构观察方法等。植物生理学篇按照植物生理学教学内容编排实验项目，包括14个基础性实验和5个综合性实验，涉及水分生理、光合作用、呼吸作用、物质代谢、生长发育、逆境生理等方面的内容。绪论部分由刘岩、王巧晗共同完成编写，植物学篇由王巧晗负责编写，植物生理学篇由刘岩负责编写。《植物学与植物生理学实验》可作为实验教材服务于水产养殖学等专业的本科教学工作，也可以作为研究生、科研人员和生产单位技术人员开展科研工作的实验技术参考书。

由于编者水平有限，书中难免存在不足之处。恳请读者批评指正。

目录

CONTENTS

绪 论

一、实验课程教学的目的及意义

本实验课程以验证课堂理论、掌握研究方法和操作技能为宗旨，培养学生独立开展以植物学和植物生理学为基础的科学研究的能力。本实验课程的教学，要求学生掌握植物学和植物生理学领域的基本理论、基础知识，以及研究植物的一些基本方法和技能，并能够运用这些方法和技能去解决植物学和植物生理学相关领域研究中遇到的具体问题，培养学生分析问题、解决问题的能力和严谨的作风，提高学生的科学素养，以满足新时代对科技人才的基本要求。

二、实验室规则

① 学生应提前 5 ~ 10 分钟进入实验室，做好实验准备工作。

② 按号使用仪器设备和器皿，使用前要检查，使用后要清洁，并放回原处。

③ 爱护仪器、标本及其他公共设施和材料，节约药品和水、电。如果发现损坏或发生故障，应主动向指导教师报告并及时登记。

④ 保持实验室安静、整洁。实验时不得随意走动和谈笑。实验室内禁止饮食、吸烟，不准随地吐痰和乱扔杂物。每次实验后，各实验小组要清理实验桌面，并轮流打扫实验室。

⑤ 最后离开实验室的学生负责检查水、电、门、窗等是否关严。

三、实验课程的进行方式及对学生的要求

① 实验前必须预习每次实验课内容，写出简单的实验提纲。

② 必须仔细听取教师对实验课的要求，操作中的重点、难点和应注意的问题的讲解。

③ 实验时，学生应根据实验教材独立操作，仔细观察，随时做好记录。遇到问题，应积极思考，分析原因，排除故障。对于自己经过努力仍解决不

了的问题，应请指导教师帮助。

　④ 积极开展第二课堂的教学活动，鼓励学生在完成实验内容的基础上，广泛应用实验理论，联系实际进行学习。

　⑤ 按时完成实验作业。要求实验报告书写整洁、简明扼要。

植物学篇

基础性实验

实 验 1-1

植物学显微技术

一、普通光学显微镜的构造和使用方法

1. 实验目的与要求

① 学会正确使用与保养光学显微镜。

② 了解显微镜的类型、构造及简要的工作原理。

2. 实验内容

光学显微镜是由光学部分和机械部分两大部分构成的（图 1-1-1）。

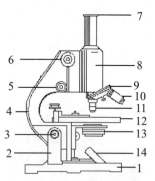

图 1-1-1 复式显微镜构造图
1. 底座；2. 镜柱；3. 倾斜关节；4. 镜臂；5. 细调螺旋；6. 粗调螺旋；7. 目镜；8. 镜筒；9. 物镜转换器；10. 高倍物镜；11. 低倍物镜；12. 载物台；13. 聚光器；14. 反光镜。

（1）光学部分

光学部分主要包括物镜、目镜、反光镜和聚光器。

物镜（接物镜）：物镜安装在镜筒前端物镜转换器上。物镜利用光线使被检测物体第一次造像。物镜成像的质量对分辨力有着决定性的影响。

目镜（接目镜）：目镜的作用是把物镜放大了的实像再放大一次，并把物像映入观察者的眼中。

反光镜：较早的普通光学显微镜用自然光检视物体，在镜座上装有反光镜。反光镜一面为平面镜，另一面为凹面镜，可以将投射在它上面的光线反射到聚光器透镜的中央，起到照明的作用。后来生产的较高档次的显微镜镜座上装有光源，并有电流调节螺旋，可通过调节电流大小调节光照强度。

聚光器：聚光器在载物台下面，由聚光透镜、虹彩光圈和升降螺旋组成。它将光源经反光镜反射来的光线聚焦于样品上，使物像获得明亮、清晰的效果。可以调节聚光器的高低，使焦点落在被检物体上。

（2）机械部分

机械部分主要有镜座、镜筒、物镜转换器、载物台和调焦装置等。其作用是支持光学部分，使光学部分充分发挥效能。

镜座：镜座是显微镜的基本支架，由底座和镜臂两部分组成。在它上面连有载物台和镜筒，它是安装光学放大系统部件的基础。

镜筒：镜筒上接目镜，下接物镜转换器，形成目镜与物镜（装在转换器下）间的暗室。

物镜转换器：物镜转换器上可安装 3 ~ 4 个物镜，一般安装有低倍物镜、高倍物镜、油镜。转动转换器，可以按需要将其中的任何一个物镜和镜筒接通，与镜筒上面的目镜构成一个放大系统。

载物台：载物台中央有一孔，为光线通路。载物台上装有弹簧标本夹和推动器，其作用分别为固定标本和移动标本，使得镜检对象恰好位于视野中心。

推动器：推动器是移动标本的机械装置，它是由一横一纵两个推进齿轴的金属架构成的。好的显微镜纵横架杆上有刻度标尺，构成很精密的平面坐标系。我们如果需要重复观察已检查标本的某一部分，在第一次检查时，可记下纵横标尺的数值，之后按数值移动推动器，就可以找到原来所观察的标本的部位。

粗调螺旋：粗调螺旋是移动镜筒调节物镜和标本间距离的机件。对于老式显微镜，向前扭粗调螺旋，镜头下降，接近标本。对于新式显微镜，右手向前扭粗调螺旋，载物台上升，标本接近物镜；反之则载物台下降，标本远离物镜。

细调螺旋：用粗调螺旋只可以粗略地调节焦距。要得到清晰的物像，需要用微调螺旋做进一步调节。微调螺旋每转一圈移动 0.1 mm（100 μm）。

3. 显微镜的使用

（1）取镜

拿取显微镜，必须一手握紧镜臂，一手平托底座，使镜体保持直立。放置显微镜时要轻，避免震动。应将显微镜放在身体的左前方，离桌子边 6 ~ 7 cm 位置。检查显微镜的各部分是否完好。镜头只能用擦镜纸擦拭，不准用他物接触镜头。

（2）对光

使用时，先将低倍物镜转到载物台中央，正对通光孔。用左眼靠近目镜观察，同时用手调节反光镜和聚光器，使镜内光亮适宜。镜内所看到的范围叫视野。

（3）放片

把切片放在载物台上，使要观察的部分对准镜头，用弹簧标本夹固定切片。

（4）低倍物镜的使用

转动粗调螺旋，使镜筒缓慢下降，至物镜接近切片时为止。用左眼从镜内观察，并转动粗调螺旋使镜筒缓慢上升，直至看到物像为止（显微镜内的物像是倒像）。转动细调螺旋，将物像调至最清晰。

（5）高倍物镜的使用

在低倍物镜下观察后，如果需要进一步使用高倍物镜观察，则先将要放大观察的部位移到视野中央，再把高倍物镜转至载物台中央，正对通光孔。此时一般可粗略看到物像。用细调螺旋调至物像最清晰。如镜内亮度不够，应增加光强。

（6）还镜

使用完毕，应先将物镜移开，再取下切片。把显微镜擦拭干净，各部分恢复原位。使低倍物镜转至中央通光孔，下降镜筒，使物镜接近载物台。将反光镜转直，将显微镜放回箱内并锁上。

4.显微镜使用和保护的注意事项

① 显微镜应放在干燥的地方，避免强烈的日光照射。

② 拿取显微镜时，应右手握镜臂，左手托住底座，使镜身直立。切勿左右摇晃，以免碰伤或目镜滑出。

③ 保持显微镜的清洁。用擦镜纸擦拭镜头，不可用手或毛巾擦物镜和目镜。用绸布或纱布擦机械部分。

④ 观察时应由低倍到高倍再到低倍，绝不可先用高倍物镜，以免损坏切片而影响观察。

二、生物绘图

1.实验目的与要求

学会绘制植物细胞图的基本技术；能绘出植物细胞图，并注明各部分名称。

2.实验内容

在进行植物形态、结构观察时，常需绘图。所绘图要能真实、准确地反映出所观察材料的形态和结构特征。

3.注意事项

必须认真观察材料，学习有关理论，清楚所需观察的结构，掌握各部分特征，画出结构中最本质和典型的部分，不需要有什么画什么。要依据实际观察到的图像绘图，不要凭假想，不要照书本画，以保证所绘形态结构的准确性。

绘图前，应根据所需绘制的图的数量和内容，合理布局图的位置。图要画在其被安排的范围的稍偏左侧，图中各部分结构的名称要标注在向右引出的平行线末端。引线要齐，注字要工整。在图的正下方注明图的名称。在绘图纸上方标明实验题目。

绘图时先用中软（HB）铅笔绘出轮廓。描轮廓时注意标本各部分的比例。然后用较硬（2H或3H）铅笔绘出全图线条。绘图时，要一笔勾出，使线条粗细均匀、清晰，切勿重复描绘。结构的明暗程度和颜色的深浅一般用圆点的疏密表示。点要圆而整齐，切勿用涂抹阴影或画线条的方法代替圆点。

注重科学性和准确性。生物绘图不能夸张，要严格按照标本或显微镜下的影像写生。为了表达准确，可选择较为典型的材料或区域影像进行绘制。

4.绘图方法示例

（1）细胞图

植物细胞图绘制过程如图 1-1-2 所示。

① 在绘图纸上选定适当位置，用HB铅笔以较轻的短线按显微镜视野中的影像绘出细胞轮廓。

② 用3H铅笔以粗细适中且均匀的线条绘出细胞壁。注意线条不可重复，连接处应光滑。要表示出所绘细胞与相邻细胞的关系，故而应绘出相邻细胞的部分细胞壁。

③ 按正确的比例与位置绘出细胞核及核仁，最后用极轻的圆点衬阴，显示细胞质、细胞核内物质的稠稀程度。物质稠密，在显微镜视野里较暗，要用较多的点表示，如细胞核、核仁等。物质稀疏，在视野里较明亮、浅淡，要用较少的圆点或不用圆点表示，如液泡。切勿用铅笔涂抹。

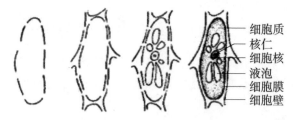

图 1-1-2　植物细胞显微图的绘制过程

（2）植物器官轮廓图

图 1-1-3 为双子叶植物根的横切图。

① 绘出全部或部分器官的轮廓图；在轮廓图上用线条分出各类组织的分布，注意各部分比例要适当。

② 一般绘出标本 1/3 ~ 1/2 部分的详图，要求所绘制详图的部分能清楚表示该器官的构造特点。

③ 在显微镜视野中选定该器官部分结构，不要再移动载玻片，按正确比例，根据组织细胞特点，逐一描绘细胞结构及细胞间相互关系，如细胞形状、大小，细胞壁薄厚。绘边缘细胞时，可只绘每个细胞的一部分，表示所绘图属于标本的一部分，最后加点或线条详细表示各部分细胞特征。

④ 标出各部分名称。

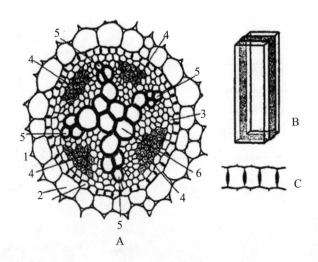

1. 皮层薄壁组织；2. 内皮层；3. 中柱鞘；4. 初生韧皮部；5. 原生木质部；6. 后生木质部。

图 1-1-3　双子叶植物根的横切图（A），以及内皮层细胞的立体图（B，阴影示凯氏带）和横切图（C）

三、显微测量技术

1. 显微测微尺

显微测微尺是在显微镜下测量被检物体的大小或长短的专用工具。在植物学实验中可用它通过显微镜测量细胞、淀粉粒以及细胞内部一些结构的大小。

2. 安装指针的简易方法

显微镜的目镜中一般没有指针。为便于教学和指示特定目标，可以自己动手在目镜中安装指针。具体方法如下：先剪取 5 ~ 10 cm 的一段头发（其长度约等于镜筒的半径）；再将目镜的上盖（一片透镜）旋下；接着用镊子夹住头发的一端，使头发的另一端蘸上少许加拿大树胶或透明胶水，将其粘在镜筒内的视场光阑上面，注意使头发的尖端位于视野的中央。稍干后，旋上目镜上盖即可使用。这时，在视野中会出现一条黑色的指针。

3. 测微尺的使用

常见的测微尺包括镜台测微尺（图 1-1-4）和目镜测微尺（图 1-1-5）。

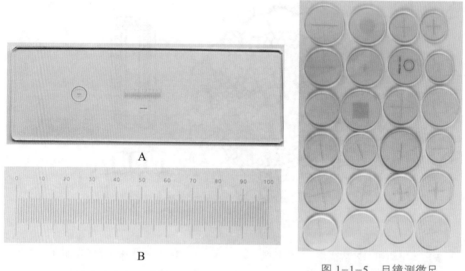

A.镜台测微尺；B.标尺的放大。

图 1-1-4　镜台测微尺

图 1-1-5　目镜测微尺

镜台测微尺是一特制的载玻片，在载玻片中央封有一个 1 mm 长并分为 100 个等距离小格的刻线，每一小格长 0.01 mm，即 10 μm。

目镜测微尺为一具有标尺的圆形玻片，直径 20 ~ 21 mm，正好能放入镜筒内。目镜测微尺上的标尺有直线式和网格式两种。直线式一般用于测量长度，其标尺分为 50 个或 100 个小格，每小格长 0.1 mm。网格式一般用于计算数目和测量面积，其上刻有网格式标尺。网格的大小、数目因种类不同而异。

长度测量法：测量长度时，必须将目镜测微尺和镜台测微尺配合使用。将直线式目镜测微尺正面放入镜筒中的视场光阑环上，观察时即可见到目镜测微尺标尺的刻度。但目镜测微尺的标尺每一小格代表的实际长度是不固定的，随物镜放大倍数的改变而改变。因此，不能直接用目镜测微尺测量，必须先用镜台测微尺确定它的标尺每一小格代表的实际长度。其方法是先将镜台测微尺置于载物台上，与观察普通玻片标本一样，调节光线和对焦，使镜台测微尺的标尺刻度清晰可见。这时即可移动镜台测微尺，使其标尺刻度与目镜测微尺的标尺刻度重叠。选取二者刻度线正好完全重合的一段，记录两重合线间的格数，依据式（1-1-1）计算目镜测微尺的标尺每一小格代表的实际长度。

目镜测微尺的标尺每一小格代表的实际长度（μm）=（镜台测微尺两重合线间的格数 × 10）/ 目镜测微尺两重合线间的格数　　　　　　　　（1-1-1）

例如，目镜测微尺的零点刻度线与镜台测微尺的零点刻度线完全重合，且目镜测微尺的第 50 格刻度线正对镜台测微尺的第 68 格刻度线，则目镜测微尺的标尺每一小格代表的实际长度为 68/50 × 10=13.6（μm）。

求得目镜测微尺的标尺每一小格代表的实际长度以后，即可移去镜台测微尺，换上待测标本封片，用目镜测微尺测量视野中的物体的大小。若目镜测微尺的标尺每一小格代表的实际长度为 13.6 μm，测得某物体长占目镜测微尺 10 小格，则该物体的实际长度计算如下：13.6 × 10=136（μm）。

在显微测量过程中，如果变换显微镜或改变物镜或目镜的放大倍数，都必须重新校正目镜测微尺的标尺每一小格代表的实际长度。另外，为减小误差，应测量多次，取平均值。

实验1-2

植物细胞基本结构的观察

一、实验目的与要求

① 在光学显微镜下观察认识植物细胞的基本结构特征。

② 了解质体及后含物的形态结构和存在部位。

③ 掌握临时装片的制作技术。

二、实验用品

洋葱、番茄、菠菜、红（青）辣椒、白菜或油菜菜心、马铃薯块茎、柿胚乳细胞永久制片、鸭跖草叶片等。显微镜、载玻片、盖玻片、镊子、滴管、培养皿、刀片、剪刀、解剖针、解剖刀、吸水纸、蒸馏水、30%的甘油水溶液、碘－碘化钾（I_2–KI）染液等。

三、实验内容

1.植物细胞基本结构观察

（1）洋葱表皮细胞结构的观察

洋葱表皮临时装片的制作如图1-2-1所示。

取洋葱肉质鳞片，用刀片在鳞片内表皮划一个 3 ~ 5 mm² 小格。用镊子撕下薄膜状的内表皮，制成临时水封片。若水过多，用吸水纸吸除。

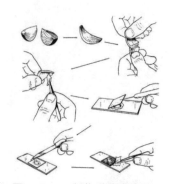

图1-2-1　制作洋葱表皮装片

（2）洋葱表皮临时装片的观察

将洋葱表皮临时装片置于显微镜载物台上，先用低倍物镜观察洋葱表皮细胞的形态和排列情况：细胞呈长方形，排列整齐、紧密。然后从盖玻片的一边加上一滴I_2-KI染液，同时用吸水纸从盖玻片的另一侧将多余的染液吸除（或者把盖玻片取下，用吸水纸把材料周围的水分吸除，再滴上一滴染液），经 2～3 分钟，加上盖玻片即可。细胞染色后，在低倍物镜下，选择一个比较清楚的区域，把它移至视野中央，再换用高倍物镜仔细观察每一个典型细胞，识别下列结构。

洋葱表皮每个细胞周围有明显界限，此结构被I_2-KI染液染成淡黄色，即为细胞壁。细胞壁本是无色透明的。观察时细胞上面与下面的平壁不易看见，而只能看到侧壁。

在细胞质中，有被I_2-KI染液染成黄褐色的结构，即为细胞核。细胞核内有染色较淡且明亮的小球体 1 至多个，即为核仁。幼嫩细胞，核居中央；成熟细胞，核偏于细胞的侧壁。

细胞核以外的无色透明的胶状物，即为细胞质，被I_2-KI染液染成淡黄色，比细胞壁颜色淡一些。在较老的细胞中，细胞质是一薄层，其中可以看到线粒体、白色体等小颗粒。

液泡为细胞内充满细胞液的细胞器。在成熟细胞里，可见 1 个或几个透明的大液泡，位于细胞中央。注意在细胞角隅处观察，把光线适当调暗，旋转细调螺旋，能区分出细胞质与液泡间的界面。

2. 果肉离散细胞的观察

用解剖针挑取少许成熟的番茄果肉，制成临时装片，置于低倍物镜下观察，可以看到圆形或卵圆形（平面观）的离散细胞，与洋葱表皮细胞形状和排列形式皆不相同。在高倍物镜下观察一个离散细胞，可清楚地看到细胞壁、细胞核、细胞质和液泡。番茄果肉细胞基本结构与洋葱表皮细胞相同。

3. 质体的观察

（1）叶绿体

取菠菜或其他植物绿色叶，用镊子撕去表皮，然后用干净刀片刮去少许叶肉制成临时装片，用显微镜观察，可见细胞中有许多椭圆形的绿色颗粒状结构，即为叶绿体。

（2）有色体

用镊子撕取一小块番茄果皮，用刀片轻轻地刮去果肉，制成临时装片，用显微镜观察，可清楚地看到细胞质中有许多红色的小颗粒，即为有色体。

（3）白色体

取白菜或油菜的白色菜心，用镊子撕取其幼叶或叶柄的表皮细胞制成临时装片，用显微镜观察，在气孔器附近的表皮细胞的细胞核周围可以看到许多微小、透明的白色小颗粒，即为白色体。

4. 胞间连丝和纹孔的观察

（1）柿胚乳的胞间连丝

取柿胚乳细胞永久制片，置于低倍物镜下观察，可见到许多多角形（平面观）的细胞。这些细胞的细胞壁特别厚，细胞腔很小，其内原生质体被染成紫黑色或在制片过程中脱落。选择相邻两个细胞的细胞壁部分，移至视野中央，转换成高倍物镜，调暗光线，可见相邻的两个细胞加厚的细胞壁上，有许多黑色的细胞质形成的细丝，即胞间连丝（图1-2-2）。

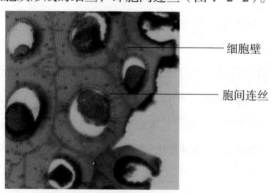

细胞壁

胞间连丝

图1-2-2　柿胚乳细胞

（2）红（青）辣椒果实表皮的初生纹孔场

取一块新鲜红（青）辣椒果皮，将内果皮朝上平放在载玻片上，用刀片刮去果肉，将留下的表皮加I_2-KI染液制成临时装片，用显微镜观察。在高倍物镜下可见表皮由不太规则的细胞群组成，细胞中有被染成淡黄色的细胞质。细胞壁很厚，着深黄色，壁上的小孔为纹孔，孔里有胞间连丝穿过。

5. 细胞中几种后含物的观察

（1）淀粉粒

用解剖刀在切开的马铃薯块茎的断面上轻轻刮一下，将附着在刀口附近的浆液涂抹到载玻片上，用稀释的I_2-KI染液染色后（染色时间不宜过长，以免染色太深），制成临时装片，置于低倍物镜下，寻找淀粉粒分布稀少的部位，并将其移至视野中央，再换用高倍物镜仔细观察。在多角形的薄壁细胞中，可见大小不等的椭球形、卵形或球形的蓝紫色淀粉粒。调节光圈，减弱光强，可见淀粉粒有一个中心，偏在淀粉粒的一端，这个中心即为脐点。围绕脐点有许多明暗相间的轮纹，即为马铃薯单粒淀粉粒。在视野中除了有单粒淀粉粒外，还可见到复粒淀粉粒和半复粒淀粉粒，注意如何区别它们。

（2）结晶体

剥取洋葱头最外面的薄而干燥的鳞片叶（或鸭跖草叶片的表皮），将其剪成几小块放入30%的甘油水溶液中，浸泡1～2 min。然后用镊子选一薄片制成临时装片，置于显微镜载物台观察，可以看到有些表皮细胞内有针形的结晶体。

四、实验报告

① 绘洋葱表皮细胞结构图，注明各结构名称。
② 绘2～3个番茄果肉细胞的结构图，并注明各结构名称。

五、思考题

① 所有植物细胞都含有叶绿体吗？
② 植物的叶、花和果实呈现的颜色是由什么决定的？
③ 胞间连丝有何作用？

植物细胞的有丝分裂显微观察

一、实验目的与要求

观察了解植物细胞有丝分裂的特点及其各个时期的主要特征。

二、实验用品

洋葱根尖纵切永久制片（示有丝分裂）、显微镜。

三、实验内容

取洋葱根尖纵切永久制片（示有丝分裂），先置于低倍物镜下观察，找出洋葱根冠端。移动切片，可以看到紧接根冠的部位，细胞排列密集，无细胞间隙；细胞个体小，略呈方形（平面观）；细胞质浓厚，染色较深。此区域即为根的分生区。选择某些正处在分裂状态的典型细胞，将其移至视野中央，换用高倍物镜，仔细观察细胞有丝分裂各个分期的主要特征（图1-3-1）。

1.分裂间期

细胞核大，位于细胞中央，结构均一，可以清楚地看到核膜和核仁。这是细胞积累物质、贮备能量准备分裂的时期。

2.分裂前期

此过程较长，在显微镜下可见到分裂前期各个阶段。细胞核内出现了染色较深的小块或颗粒，即变短、变粗的染色体。染色体最后呈形态清楚的棒状，但成对现象不易见到。同时核膜解体，核仁逐渐消失。

3. 分裂中期

染色体聚集到细胞中央，明显可见，着丝点排列在赤道面上。每条染色体含有两条染色单体。注意洋葱根尖每个细胞中染色体的数目。由于细胞分裂的方向不同，可以观察到两种不同的中期细胞形态。一种是正面观，染色体呈放射状成圈排列在赤道面上；另一种是侧面观，染色体在细胞中央成排并列。中期纺锤体已明显形成，但在普通显微镜下一般不容易看清楚。

4. 分裂后期

每条染色体的两条染色单体自着丝点处分开，成为 2 条染色体，且在纺锤丝的牵引下，分别向细胞两极移动。两极各有一组染色体。

5. 分裂末期

移到两极后的染色体，通过解螺旋作用，由粗变细，密集为一团，呈均一状态。核仁、核膜重新出现，形成了两个子核。与此同时，在纺锤丝中部出现细胞板，产生新的细胞壁，形成了两个子细胞。

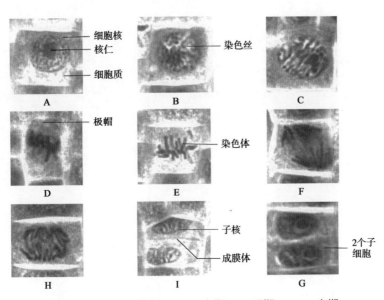

A. 间期；B、C、D. 前期；E、F. 中期；G. 后期；H、I. 末期。

图 1-3-1　洋葱根尖细胞有丝分裂

四、实验报告

按顺序绘出洋葱根尖细胞有丝分裂全过程各时期的细胞图。

五、思考题

有丝分裂哪个时期最适于观察染色体数目和形态？

实验1-4

植物体常见组织的显微观察

一、实验目的与要求

① 了解植物体常见组织类型以及各自的功能。

② 了解植物体常见组织的形态结构和细胞特征。

③ 掌握徒手切片的制作方法。

二、实验用品

蚕豆叶下表皮装片，玉米或小麦叶，天竺葵叶，椴树或接骨木茎横切永久制片，南瓜茎纵切永久制片、横切永久制片，芹菜叶柄，梨，天竺葵、南瓜或棉花的茎，等等。蒸馏水、质量分数为 0.001% 的钌红溶液、浓盐酸、间苯三酚溶液。显微镜、载玻片、盖玻片、镊子、刀片、培养皿、毛笔、滴管。

三、实验内容

1. 保护组织的观察

（1）表皮及其附属物

取蚕豆叶下表皮装片，用显微镜观察，可以看到细胞排列很紧密，无胞间隙。细胞壁薄，呈波纹状，相互嵌合。细胞核一般位于细胞边缘。细胞质无色透明，不含叶绿体。这样的细胞，即为表皮细胞。在表皮细胞之间，还可以看到一些由两个肾形保卫细胞组成的气孔器。保卫细胞有明显的叶绿体，也有细胞核。（图 1-4-1）

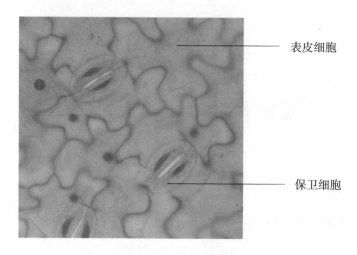

表皮细胞

保卫细胞

图 1-4-1　蚕豆叶下表皮

　　取单子叶禾本科植物玉米或小麦的叶的下表皮，制成临时装片，置于显微镜载物台上观察，可见其表皮长、短两种细胞呈纵行相间排列，细胞形状较规则，不含叶绿体。气孔器由两个哑铃形的保卫细胞和两个副卫细胞组成。

　　撕取天竺葵叶表皮，制成临时装片，置于显微镜载物台上观察，可见几种表皮毛，注意观察每种表皮毛的结构特征。

　　（2）周皮

　　取椴树或接骨木茎横切永久制片，置于显微镜载物台上观察，可见在茎横切面的外围有数层短矩形的、细胞壁栓质化的死细胞，呈径向、紧密而整齐地排列，即为木栓层。木栓层有一些细胞质浓厚、壁薄的扁平细胞组成次生分生组织——木栓形成层。木栓形成层以内，有 1 ~ 2 层径向排列的薄壁细胞，即为栓内层。木栓层、木栓形成层、栓内层合称为周皮。

　　2. 机械组织的观察

　　（1）厚角组织

　　取南瓜茎横切永久制片，用显微镜观察。先在低倍物镜下找到棱角处，再换高倍物镜由外向内观察。最外一层排列整齐的扁平细胞为表皮，其上具多细胞表皮毛。紧靠表皮内侧的皮层中，有几层染成绿色的细胞，其细胞壁在角隅处增厚。这些角隅加厚的细胞称厚角细胞。厚角细胞组成厚角组织。注意观察厚角细胞中是否有细胞核和叶绿体。

取芹菜叶柄做徒手横切后，制成临时装片。

徒手切片一般运用于软硬适度的植物根、茎、叶等材料。将材料切成厚2～3 cm、截面积为 3～5 cm^2 的小块，便于手持，具体方法为：

① 取一个小培养皿，盛以清水，准备好毛笔、滴管和单（双）面刀片等用具和待切的材料。

② 用刀片从材料上切下薄片（图1-4-2），用湿毛笔将切片轻轻移入培养皿中。挑选薄而透明的切片，取出置于载玻片上，制成临时装片。

厚角组织的观察：在表皮下找到无色的厚角细胞（注意细胞壁的加厚部位在角隅处）。用质量分数为 0.001% 的钌红溶液把果胶质的中层染成红色，可更清晰地观察厚角细胞。

（2）厚壁组织

从梨的果肉中挑取少许硬的颗粒，置于载玻片上，用镊子柄部轻轻压散，加蒸馏水，盖上盖玻片。用显微镜进行观察，可见大型的薄壁细胞包围着颜色较暗的石细胞群。石细胞中原生质解体，细胞腔很小，壁异常加厚。在盖玻片一侧滴

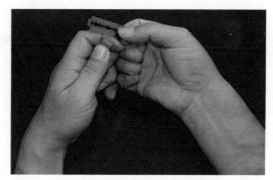

图1-4-2　叶徒手切片的制作

加一滴浓盐酸，在另一侧用吸水纸吸去盖玻片内多余水分，处理3～5分钟，之后滴加间苯三酚溶液染色。石细胞壁中的木质素被染成桃红色或紫红色。

3.输导组织的观察

（1）导管和管胞

取天竺葵、南瓜或棉花等的茎的一小段，用刀片纵切，挑选透明的薄片置于载玻片上，先滴一滴浓盐酸处理3～5分钟，之后滴间苯三酚溶液染色，

制成临时装片。于低倍物镜下找到材料中被染成红色的部分，再换用高倍物镜，仔细观察细胞壁被染成红色的管状细胞——导管分子。导管分子间的邻接壁形成穿孔。一系列导管分子以穿孔相连，形成导管。观察导管和管胞的类型及连接方式。

（2）筛管和伴胞

取南瓜茎纵切永久制片，置于低倍物镜下观察，找到被染成红色的木质部导管。在导管的内、外两侧均有被染成绿色的韧皮部（南瓜茎为双韧维管束）。把韧皮部移至视野中央，可见筛管是由许多棱柱状薄壁细胞所组成的。这些细胞称筛管细胞或筛管分子。换用高倍物镜观察，两个筛管细胞连接端细胞壁上稍膨大并染色较深处，是筛孔所在位置。具筛孔的细胞壁称筛板。筛管细胞细胞质常收缩成一束，离开细胞的侧壁，两端较宽，中间较窄。在筛孔处穿过的原生质呈丝状，称为联络索。在筛管侧面紧贴着一列染色较深的具有明显细胞核的细长薄壁细胞，即为伴胞。

取南瓜茎横切永久制片，置于低倍物镜下，在韧皮部中寻找多边形（切面观）、口径较大、被染成蓝绿色的薄壁细胞，此即为筛管细胞。它旁边往往贴生者横切面呈三角形或半月形、具细胞核、着色较深的小型细胞——伴胞。再找出正好切在筛板处的筛管，换用高倍物镜观察筛板结构的特点。

四、实验报告

绘蚕豆叶表皮细胞及其气孔器结构图，注明各结构的名称。

五、思考题

① 就薄壁组织、厚角组织和厚壁组织而言，哪一种组织在细胞形态、结构和生理功能上具有更大的可塑性，为什么？

② 表皮细胞为发挥其保护功能在结构上有什么特化？

③ 细胞在分化为成熟筛管细胞的过程中，其细胞壁和原生质体发生了哪些变化？筛管细胞和导管分子有什么不同？

根的形态和结构观察

一、实验目的和要求

① 识别根尖各分区及细胞的结构特点。

② 掌握根的初生结构及次生结构。

③ 了解根的形成。

④ 观察认识几种变态根的形态和结构。

二、实验用品

洋葱和小白菜的根系、黄豆或洋葱、洋葱根尖纵切永久制片、蚕豆幼根横切永久制片、鸢尾根永久制片、蚕豆或棉花老根横切永久切片、蚕豆根横切永久制片(示侧根发生)等。显微镜、放大镜、载玻片、盖玻片、刀片、滴管、培养皿、蒸馏水、吸水纸等。

三、实验内容

1. 根系的观察

观察洋葱、小白菜的根系,比较它们根系的区别,辨认主根、侧根和不定根。

2. 根尖的外形和分区的观察

(1)根尖的外部分区

在实验前 5 ~ 7 天,将黄豆浸于水中,使其吸水膨胀。将其置于垫有潮湿滤纸的培养皿内并加盖，放于恒温培养箱中于 15 ~ 20℃的条件恒温培养（或将洋葱进行培养）。待幼根长到 2 cm 左右时，即可作为实验观察的材料。

取黄豆或洋葱幼根，截下根尖（截取长度为 1 ~ 2 cm），放在载玻片上，用肉眼或放大镜观察幼根的外部形态。根尖最先端有一透明的帽状结构，即为根冠。根冠之上有一略带黄色的部位，即为生长锥（分生区）。幼根上有一区域密布白色绒毛——根毛，这个部分即为根毛区（成熟区）。在生长锥和根毛区之间的透明发亮的一段，即为伸长区。

（2）根尖的内部结构

取洋葱根尖纵切永久制片，置于低倍物镜下，辨认根冠、生长锥、伸长区、根毛区。然后换用高倍物镜仔细观察各部位细胞的形态、结构。

根冠位于根尖的最先端，由数层薄壁细胞组成，排列疏松，外层细胞较大，内部细胞较小，整个形状似帽，罩在分生区外部。

分生区包于根冠之内，长 1 ~ 2 mm，由排列紧密的小型多面体细胞组成。细胞壁薄、核大、质浓、染色较深，有时可见到有丝分裂的分裂相。

伸长区位于分生区上方，长 2 ~ 5 mm。此区细胞一方面沿长轴方向迅速伸长，另一方面开始分化，向成熟区过渡。细胞内均有明显的液泡，核移向边缘。

根毛区位于伸长区上方，表面密生根毛。根毛是由表皮细胞外壁向外延伸而形成的管状突起。此区中央部分可见到已分化成熟的螺纹导管、环纹导管。

3. 根初生结构的观察

（1）双子叶植物根的初生结构

取蚕豆幼根横切永久制片，用显微镜观察，从内到外辨认以下各部分。

表皮是幼根的最外层。表皮细胞排列整齐、紧密，细胞壁薄。有些表皮细胞向外突出形成根毛。注意根的表皮细胞有无气孔器。

皮层位于表皮内侧，由多层薄壁细胞组成。紧接表皮的 1 ~ 2 层排列整齐、紧密的细胞为外皮层。皮层最内一层，细胞排列整齐、紧密，为内皮层。内皮层和外皮层之间的数层薄壁细胞，为皮层薄壁细胞。皮层薄壁细胞大，排列疏松，具有发达的细胞间隙。内皮层细胞具凯氏带结构，在蚕豆幼根横切面上仅见细胞径向壁上的凯氏点。凯氏点往往被番红染成红色。

内皮层以内部分为维管柱。维管柱位于根的中央，由中柱鞘、初生木质部和韧皮部3部分组成。

中柱鞘：紧接内皮层里面的一层薄壁细胞，排列整齐而紧密，即为中柱鞘细胞。中柱鞘细胞可转变成具有分裂能力的分生细胞，侧根、不定根、不定芽、木栓形成层和维管形成层的一部分都发生于中柱鞘。

初生木质部：蚕豆根多为四原型根。初生木质部呈辐射状排列，具4个辐射角，在切片中有些细胞被染成红色，明显可见。角尖端是最先发育的原生木质部，细胞管腔小，由一些螺纹导管和环纹导管组成。角后方是后生木质部，细胞管腔大。注意观察初生木质部是由哪几种组织组成的。

初生韧皮部：位于初生木质部两个辐射角之间，与初生木质部相间排列。该处细胞较小、壁薄、排列紧密。其中，横切面呈多角形的是筛管或薄壁细胞；呈三角形或方形的小细胞为伴胞。初生韧皮部外侧为原生韧皮部，内侧为后生韧皮部。在蚕豆根的初生韧皮部中，有时可见一束厚壁细胞，即为韧皮纤维。

薄壁细胞：介于初生木质部和初生韧皮部之间的细胞。当根加粗生长时，其中一层细胞与中柱鞘的细胞联合起来发育成形成层。

（2）单子叶植物根的初生结构

取鸢尾根永久制片，先在低倍物镜下区分出表皮、皮层和维管束3部分，再换用高倍物镜由外向内逐层观察。

鸢尾根与双子叶植物根的结构基本相同，观察时注意找出不同之处。在皮层中，鸢尾根（稍老）内皮层细胞多为五面加厚，并栓质化，在横切面上呈马蹄形，仅外向壁是薄壁。在正对初生木质部处的内皮层细胞不加厚，保持薄壁状态，即为通道细胞。维管束中央是薄壁细胞组成的髓，占据根的中心，为单子叶植物根的典型特征之一。

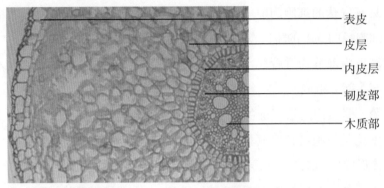

表皮
皮层
内皮层
韧皮部
木质部

图 1-5-1　鸢尾根

4. 根次生结构的观察

取蚕豆或棉花老根横切永久制片，先在低倍物镜下观察周皮、次生维管组织和中央的初生木质部的位置，然后在高倍物镜下观察次生结构的各个部分。

（1）周皮

周皮位于老根的最外侧。最外层几层横切面呈扁方形、径向壁排列整齐、常被染成红色的无核木栓细胞构成木栓层。在木栓层内侧，有一层被固绿染成蓝绿色的扁方形的薄壁活细胞，细胞质较浓，有的细胞能见到细胞核，即为木栓形成层。木栓形成层的内侧，有 1～2 层较大的薄壁细胞，即为栓内层。

（2）初生韧皮部

初生韧皮部在栓内层以内，大部分被挤压而呈破裂状态，一般分辨不清楚。

（3）次生韧皮部

位于初生韧皮部内侧被染成蓝绿色的部分，为次生韧皮部。它由筛管、伴胞、韧皮薄壁细胞和韧皮纤维组成。细胞横切面较大、呈多角形的为筛管。紧贴筛管侧壁，细胞横切面较小、呈三角形或方形的为伴胞。韧皮薄壁细胞较大，在横切面上与筛管形态相似，常不易区分。细胞壁薄，被染成淡红色的为韧皮纤维。此外，还有许多薄壁细胞在径向上排列成行，呈放射状的倒三角形（切面观），为韧皮射线。

（4）维管形成层

维管形成层位于次生韧皮部和次生木质部之间，是由一层扁长的薄壁细胞组成的圆环，被染成淡绿色，有时可观察到细胞核。

（5）次生木质部

次生木质部位于形成层以内，在次生根横切面上占较大比例，被番红染成红色，由导管、管胞、木薄壁细胞和木纤维细胞组成。横切面较大，呈圆形或近圆形，增厚的木质部化次生壁被染成红色的细胞为导管分子。管胞和木纤维细胞横切面较小，可与导管分子区分，一般被染成红色。木纤维细胞壁较管胞壁更厚。此外，还有许多被染成绿色的木薄壁细胞夹在其中。呈放射状、排列整齐的薄壁细胞，为木射线。木射线与韧皮射线是相通的，可合称为维管射线。

（6）初生木质部

初生木质部在次生木质部以内，位于根的中心，呈星芒状。

还可用南瓜老根、椴树根和洋槐根作为实验材料，徒手横切、染色，制成临时装片，观察根的次生结构。

5.侧根形成的观察

取蚕豆根横切永久制片（示侧根发生），置于显微镜载物台上观察，可见侧根由中柱鞘发生。侧根的尖端冲破皮层、表皮而伸出。注意侧根发生的部位与初生木质部的关系。

四、实验报告

①绘根尖纵切面图，注明各部分名称。
②绘双子叶植物根的初生结构图，注明各部分名称。
③绘单子叶植物根的结构图，注明各部分名称。

五、思考题

① 在什么环境条件下，直根系体现其适应优势？在什么环境条件下，须根系体现其显著的适应优势？
②根的表面是否有角质层？这与根的生理功能有什么关系？

实验1-6

茎的形态和结构观察

一、实验目的与要求

① 了解茎的外部形态。

② 识别芽的结构和类型。

③ 掌握茎尖的结构。

④ 了解单、双子叶植物茎初生结构和次生结构的解剖特点。

二、实验用品

杨树或胡桃枝条，大叶黄杨、丁香、胡桃、柳或杨等的叶芽、花芽，丁香芽纵切永久制片，向日葵幼茎横切永久制片，玉米茎横切永久制片，3 年生椴树茎横切永久制片。显微镜、解剖镜、放大镜、刀片、培养皿、载玻片、盖玻片、镊子、吸水纸、滴管、蒸馏水等。

三、实验内容

1. 枝条外部形态的观察

取杨或胡桃枝条观察，辨认节与节间、顶芽与侧芽（腋芽）、叶痕与束痕、芽鳞痕、皮孔。

2. 芽结构的观察

（1）叶芽的结构

取大叶黄杨、丁香、胡桃、柳或杨等的叶芽，用解剖刀将其纵剖，用显微镜或放大镜观察。最外面包有几层较硬的鳞片状叶，即为芽鳞。芽鳞里面有几片未伸展的幼叶。在每一幼叶的叶腋处有一突起，即为腋芽原基。芽的中央被幼叶包着的幼嫩部分，即为生长锥。生长锥近端周围有些侧生突起，即为叶原基。叶原基、腋芽原基、幼叶等部分着生的轴，即为芽轴。芽轴实际上是节间没有伸长的短缩茎。

（2）花芽的结构

取大叶黄杨、丁香、胡桃、柳或杨等的花芽进行纵剖，用解剖镜观察，可见花芽的中间没有生长锥，而是突起的雄蕊原基与雌蕊原基。

3. 茎尖结构的观察

取丁香芽纵切永久制片，于低倍物镜下先找出生长锥，然后从茎尖的一侧向轴心仔细观察茎尖解剖结构。

（1）原表皮

原表皮为最外面的一层较小的、排列整齐的细胞，以后形成茎的表皮。

（2）基本分生组织

基本分生组织位于原表皮之内，细胞较大，排列不够规则，以后发展为皮层和髓。

（3）原形成层

原形成层在基本分生组织之中，有纵向排列的两束细胞。其细胞的原生质较浓，染色较深。原形成层以后发展为茎的维管束。

此外，在生长锥的两侧还有叶原基、幼叶和腋芽原基。注意观察它们的细胞有何特点，分析它们各属于何种组织。

4. 双子叶植物茎初生结构的观察

取向日葵幼茎横切永久制片，用显微镜自外向内依次观察各部分结构。

（1）表皮

表皮位于茎的最外一层。表皮细胞排列紧密、形态规则、细胞壁较厚，有角质层。有的表皮细胞转化成单细胞或多细胞的表皮毛。注意表皮有无气孔分布。

（2）皮层

皮层位于表皮之内，维管束之外。紧接表皮的几层比较小的细胞，为厚角细胞。厚角细胞的内侧是数层薄壁细胞，细胞之间有明显的细胞间隙。在薄壁细胞层中还可以观察到有分泌细胞所围成的分泌道的横切面。

（3）维管束

皮层以内的部分为维管柱。在低倍物镜下观察时，茎的维管柱分为维管束、髓、髓射线三部分。

维管束：多呈束状，在横切面上许多染色较深的维管束排列成一环。

换用高倍物镜观察维管束，可见韧皮部和木质部呈相对排列。维管束外层是初生韧皮部，包括筛管、伴胞和薄壁细胞。在韧皮部最外面有一束染成红色的韧皮纤维。紧接韧皮部的是束中形成层，它位于初生韧皮部和初生木质部之间，是原形成层分化初生维管束后留下的潜在分生组织，由一层细胞分裂成数层。用横切制片观察，束中形成层细胞呈扁平状，细胞壁薄。束中形成层的内侧是初生木质部，包括导管、管胞、木纤维、木薄壁细胞。注意从细胞形态结构特点看茎的维管束由内向外演化的过程与根的演化的不同。

髓射线：是相邻两个维管束之间的薄壁组织，外接皮层，内接髓。

髓：位于茎的中央部分，由排列疏松的薄壁细胞组成。

5. 单子叶植物茎初生结构的观察

取玉米茎横切永久切片，用显微镜自外向内依次观察各部分结构。（图1-6-1）

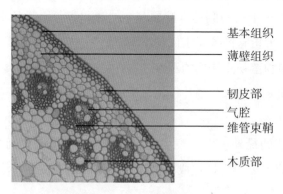

图1-6-1　玉米茎横切

（1）表皮

茎的最外一层细胞为表皮。表皮细胞横切面呈扁方形，排列整齐、紧密，细胞壁增厚。注意表皮上有无气孔。

（2）基本组织

表皮之内，被染成红色、横切面呈多角形、紧密相连的 1～3 层厚壁细胞，构成机械组织环。在机械组织以内，为薄壁的基本组织细胞。基本组织占茎的绝大部分。基本组织细胞较大，排列疏松，具明显的胞间隙。越靠近茎的中央，基本组织细胞越大。

（3）维管束

在基本组织中，有许多散生的维管束。维管束在茎的边缘分布多，较小；在茎的中央部分分布少，较大。

在低倍物镜下选择一个典型维管束移至视野中央，然后换用高倍物镜仔细观察维管束结构。

维管束鞘：位于维管束的外围，是由木质化的厚壁组织组成的鞘状结构。此厚壁组织在维管束的外面和里面比侧面发达。

韧皮部：位于茎的周边，木质部的外方，被染成绿色。其中，原生韧皮部位于初生韧皮部的外侧，但已被挤毁或仅留有痕迹；后生韧皮部主要由筛管和伴胞组成，通常没有韧皮薄壁细胞和其他成分。

木质部：位于韧皮部内侧，被染成红色。其明显特征是有 3～4 个导管组成V形。V形的上半部为后生木质部，含有两个大的孔纹导管，两者之间分布着一些管胞。V形的下半部为原生木质部，有 1～2 个较小的环纹导管、螺纹导管和少量薄壁细胞。此内侧有一大空腔（气腔）。思考此气腔是怎样形成的。

6. 双子叶植物木本茎次生结构的观察

取 3 年生椴树茎横切永久制片，用显微镜自外向内依次观察各部分结构。

（图 1-6-2）

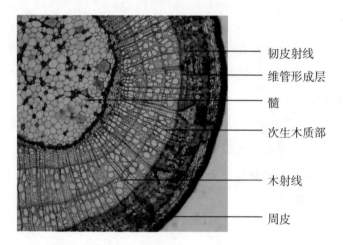

韧皮射线

维管形成层

髓

次生木质部

木射线

周皮

图 1-6-2　三年生椴树茎横切

（1）表皮

表皮在茎的最外面，由一层排列紧密的表皮细胞组成。但 3 年生的枝条上，表皮已不完整，大多脱落。注意表皮有无皮孔分布。

（2）周皮

表皮以内的数层扁平细胞组成周皮。观察时注意区别木栓层、木栓形成层和栓内层。

木栓层：位于周皮最外层，为紧接表皮、沿径向排列数层整齐的扁平细胞——木栓细胞。木栓细胞的细胞壁厚，栓质化，是无原生质体的死细胞。

木栓形成层：位于木栓层内方，只有一层细胞。用横切片制片观察，细胞呈扁平形，细胞壁薄，细胞质浓，有时可观察到细胞核。

栓内层：位于木栓形成层内方，有 1 ～ 2 层薄壁的活细胞，常与外面的木栓细胞排列成同一整齐的径向行列，区别于皮层薄壁细胞。

（3）皮层

皮层位于周皮之内，维管柱之外，由数层薄壁细胞组成。在切片中可观察到有些细胞含有晶簇。

（4）韧皮部

韧皮部位于维管形成层之外，细胞排列成梯形，其底边靠近维管形成层。

在韧皮部中有成束被染成红色的韧皮纤维，被染成绿色的部分为筛管、伴胞和韧皮薄壁细胞。

（5）维管形成层

维管形成层位于韧皮部内侧，由 1～2 层排列整齐的扁平细胞组成，呈环状，被染成淡绿色。

（6）木质部

维管形成层以内染成红色部分，即为木质部。木质部在横切面上占的面积最大，在低倍物镜下可清楚地区分为 3 个同心圆环，即 3 个年轮。观察时注意从细胞特点上区分早材和晚材。

（7）髓

髓位于茎的中心，由薄壁细胞组成。髓与木质部相接处，有一些染色较深的小型细胞，排列紧密，呈带状，为环髓带。

（8）射线

薄壁细胞由髓呈辐射状向外排列，经木质部时，是 1 或 2 列；至韧皮部时，薄壁细胞变多、变大，排成倒梯形。这些薄壁细胞组成髓射线。髓射线处于维管束之间。在维管束之内，横向贯穿于次生韧皮部和次生木质部的薄壁细胞，组成维管射线。其中，在次生木质部的称木射线，在次生韧皮部的称韧皮射线。注意维管射线和髓射线的区别。

四、实验报告

①绘双子叶植物茎的初生结构图，注明各部分名称。
②绘单子叶植物茎的初生结构图，注明各部分名称。
③绘双子叶植物茎的次生结构轮廓图，注明各部分名称。

五、思考题

①向日葵茎和玉米茎的维管束在结构上有什么不同？
②植物茎的生长包括纵向的延长和横向的加粗，其机制是否一致？

实验1-7

叶的形态和结构观察

一、实验目的

① 了解叶的形态特点与常用形态术语。

② 掌握双子叶植物和单子叶植物叶的结构特征及其异同点。

③ 了解C4植物（玉米）与C3植物（小麦）叶结构的区别。

④ 理解环境条件对植物叶形态结构的影响。

二、实验用品

桃叶横切片、玉米叶横切片、小麦叶横切片、夹竹桃叶横切片、睡莲叶横切片等。生物显微镜、放大镜、2H或3H铅笔等。

三、实验内容

叶的主要功能是进行光合作用和蒸腾作用。植物典型的叶一般由叶片、叶柄和托叶组成。叶片是叶的主要部分，多数呈绿色扁平状。从横切面观察，叶片分为表皮、叶肉和叶脉3部分。叶片的上、下表皮一般为1层细胞，中间的叶肉为多层细胞。双子叶植物的叶肉细胞明显分化为栅栏组织和海绵组织，这样的叶称为异面叶。禾谷类植物如玉米、小麦等叶肉细胞没有分化，均为同样的细胞，这样的叶称为等面叶。

1. 叶的解剖结构

取睡莲叶横切片用显微镜观察（图1-7-1），分清表皮、叶肉和叶脉。

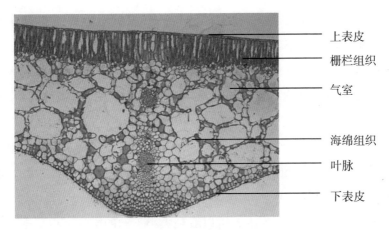

上表皮

栅栏组织

气室

海绵组织

叶脉

下表皮

图 1-7-1　睡莲叶横切

表皮：分上表皮与下表皮。上表皮由一层排列紧密、不含叶绿体的长方形细胞组成，外侧细胞壁具有较厚的角质层。下表皮的构造与上表皮的构造相同，但细胞壁角质层较薄。在下表皮中能看见气孔器的横断面，以及位于气孔器上方的、由一些叶肉细胞疏松围成的气室（孔下室）。

叶肉：分化为栅栏组织与海绵组织。栅栏组织紧贴上表皮，由 1 ~ 2 层排列紧密且整齐的圆柱状细胞组成，细胞内叶绿体含量大。海绵组织位于栅栏组织和表皮之间，由排列紧密、形状与大小不规则的细胞组成，细胞内叶绿体含量小，细胞间有较大的间隙。叶肉是植物进行光合作用的主要部位，尤以栅栏组织最为主要。

叶脉：在切片中叶脉呈现横切和纵切两种断面。主脉较大，由主脉分支形成侧脉。主脉包埋在基本组织中。较大的叶脉上、下两侧有机械组织分布。叶脉维管束的木质部靠近上表皮，韧皮部靠近下表皮。在较大的叶脉中，木质部和韧皮部之间尚有形成层。侧脉维管束的组成趋于简单，木质部和韧皮部只有少数几个细胞，但一般具有薄壁细胞形成的维管束鞘。

2. 单子叶植物叶片结构观察

（1）C3 植物小麦叶片横切面观察

取小麦叶片横切片，用显微镜逐项观察。

表皮：由一层细胞组成，细胞外壁具有较厚的角质层。在表皮中有成对的保卫细胞，体积较小。在保卫细胞的两侧是略大一些的副卫细胞。上表皮由两种细胞组成：一种是普通的表皮细胞；另一种是排列成扇形的大型的薄壁细胞，称为泡状细胞。泡状细胞因与叶片卷曲有关，也被称为运动细胞。此外，还可见到表皮毛。

叶肉：没有海绵组织和栅栏组织的区别，细胞比较均一。叶肉细胞内含大量叶绿体。其细胞壁向内褶皱，利于更多叶绿体排列在细胞边缘，增加光合面积。细胞之间有一定胞间隙。

叶脉：在叶片的横切面上，可以看到大小不同的维管束相间排列。维管束与茎中的一样都为有限维管束。在较大维管束的上、下两端各有一堆厚壁细胞，它们紧贴上、下表皮。较小维管束分布在叶肉中间，上、下无机械组织。维管束外有两层维管束鞘，外层细胞较大，壁薄，含有叶绿体；内层细胞较小，壁厚。在维管束内，木质部在上，韧皮部在下。

（2）C4植物玉米叶片横切面观察

用显微镜观察玉米叶片横切面，并与小麦叶片横切面比较。玉米的维管束鞘只有一层大的薄壁细胞，含有许多较大的叶绿体。同时，维管束鞘细胞外侧紧接一圈呈环状或近似于环状排列的叶肉细胞，共同形成花环状结构，这是C4植物叶片的结构特征。

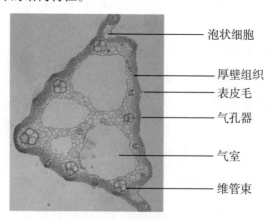

图1-7-2　玉米叶横切

四、实验报告

① 绘桃叶通过主脉的横切面图，注明各结构名称。

② 绘玉米叶通过主脉的横切面图（示上表皮细胞的泡状细胞），注明各结构名称。

五、思考题

① 比较双子叶植物和单子叶植物叶片在结构上的异同。

② 如何在叶的横切面上区别上、下表皮？

③ 为什么在叶片切片中可以见到各种走向的叶脉？

④ 天旱时，为什么高粱与玉米叶片会向上打卷？

⑤ 观察叶片的横切面，为什么维管束中木质部在上，韧皮部在下？

⑥ 试说明叶片结构与功能的关系及结构与环境的适应性。

花的形态和结构观察

一、实验目的

① 掌握不同发育时期花药的解剖结构。

② 掌握小孢子（花粉）母细胞减数分裂形成小孢子的过程。

③ 学习花粉涂片技术。

④ 掌握子房、胚珠的结构和发育。

⑤ 掌握胚囊发育的过程及成熟胚囊的结构。

二、实验用品

玉米雄穗、百合幼嫩花药横切片、百合成熟花药横切片、百合花粉粒装片、黑麦或小麦花粉母细胞减数分裂样片、百合子房横切片（示胚珠结构）、百合胚囊发育永久切片等。显微镜、载玻片、盖玻片、镊子、刀片、吸水纸、2H ~ 3H 铅笔等。体积分数为 70%、85% 和 95% 的乙醇溶液，卡诺氏固定液，醋酸洋红溶液，等等。

三、实验内容

一朵完整的花包括花柄（梗）、花托、花被、雄蕊群和雌蕊群五部分。

雄蕊是被子植物的雄性生殖器官，由花丝和花药两部分组成。花丝顶端膨大、呈囊状的部分为花药。大多数被子植物的花药由 4 个花粉囊（少数植物为 2 个）组成，分为左、右两半，中间由药隔相连。花药中产生的小孢子（花粉）

母细胞通过减数分裂形成小孢子，然后由小孢子进一步发育为成熟花粉粒。

雌蕊是被子植物的雌性生殖器官，由柱头、花柱、子房3部分组成。子房是位于雌蕊基部的膨大部分，为雌蕊的主要组成部分，由子房壁、子房室和胚珠组成。经传粉受精后，子房发育成果实，胚珠发育成种子。

1. 花药的解剖结构与观察

（1）百合幼嫩花药解剖结构观察

取百合幼嫩花药横切片，先用低倍物镜观察，可见花药呈蝶状（图1-8-1），有4个花粉囊，左右对称，中间有药隔相连，药隔中有维管束。再换高倍镜从外向内观察。

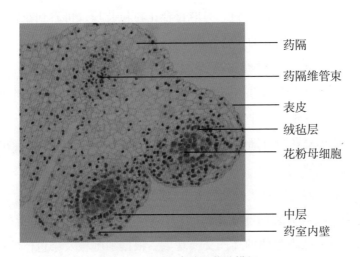

图1-8-1　百合幼嫩花药横切

花药壁：百合幼嫩花药的花药壁由表皮、药室内壁、中层和绒毡层4部分组成。表皮为花药最外面的一层细胞。药室内壁是位于表皮内侧的一层细胞，其细胞近于长方形（切面观）。中层是位于药室内壁内侧的2～3层较小而扁的细胞。绒毡层位于中层内侧，是花药壁最内的一层，由大型薄壁细胞组成。绒毡层细胞的细胞质浓厚，有营养的功能。

花粉母细胞：在绒毡层以内，药室中有许多彼此分离、呈圆形（切面观）的细胞，即为花粉母细胞。

（2）百合成熟花药解剖结构观察

另取百合成熟花药横切片在显微镜下观察。与幼嫩花药相比，其结构已发生很大变化。

花药壁：百合成熟花药的花药壁最外层为表皮。表皮内侧的药室内壁上出现了明显的不均匀带状增厚，此时此部分称为纤维层。绒毡层已完全退化。中层常保留一层扁平的细胞。与此同时，花药一侧的两个花粉囊之间的隔膜解体，相互连通。由于纤维层不均匀收缩，花粉囊开裂，花粉粒由开裂处散出。在花粉囊开裂处可看到体积较大、细胞质浓厚的薄壁细胞，称为唇细胞。

花粉母细胞：每个花粉母细胞已形成4个成熟花粉粒。在高倍物镜下仔细观察花粉囊内的成熟花粉粒。另取百合花粉粒装片，可看到花粉粒有两个明显的核，其中一个较大的为营养核，另一个较小的为生殖核。

2. 黑麦或小麦花粉母细胞减数分裂观察

被子植物减数分裂发生在花粉母细胞形成花粉和胚囊母细胞形成胚囊的过程中，与有性生殖关系非常密切。

取黑麦或小麦花粉母细胞减数分裂装片，观察减数分裂各个时期的特点。

（1）减数分裂 I

减数分裂的第一次分裂可分为4个时期。

前期 I：减数分裂的前期 I 时间很长。此时期染色体逐步折叠、变短、变粗，出现非姐妹染色体的片段交换现象。根据细胞核及染色体的形态变化将前期划分为5个时期，即细线期、偶线期、粗线期、双线期和终变期。

① 细线期：染色质因螺旋卷曲，形成细长、丝状染色体，核仁增大。此时每个染色体由两条染色单体组成（但在光学显微镜下观察不到）。

② 偶线期：染色体较细线期粗。同源染色体逐渐两两成对靠拢，在同源染色体上位置相同的基因经常很难准确地依次配对，这一配对现象称为联会。配对后的染色体称为二价体。

③ 粗线期：染色体缩短、变粗，四联体内的染色单体交叉组合，并发生横断和染色体片段的互换。

④ 双线期：染色体进一步缩短、变粗。同源染色体开始分离，但交叉处仍连接在一起，呈现X、V、8、O等形状。此期核仁缩小。

⑤ 终变期：染色体变得更为粗短，个体清楚。此时期是观察染色体数目的最佳时期。终变期末，核仁、核膜相继消失，最后出现纺锤丝。

中期Ⅰ：同源染色体排列在细胞中部的赤道板上，纺锤体形成。此时也是观察、计数染色体的适宜时期。

后期Ⅰ：由于纺锤丝的牵引，每一对同源染色体各自分开，分别向细胞两极移动。这时每一极区的染色体数目是原来的一半。

末期Ⅰ：到达两极的染色体，逐渐解螺旋，凝聚在一起。核膜、核仁重新出现，形成两个子核。同时在赤道板处形成细胞板，将母细胞分隔成两个子细胞。此时的子细胞并不立即分开，称为二分体。

（2）减数分裂Ⅱ

经过一个简短的间期后，没有进行DNA的复制，细胞就进入减数分裂的第二次分裂。因为经过了第一次减数分裂，同源染色体已经分离，染色体数目已经减半，所以第二次分裂的细胞体积较小。减数分裂的第二次分裂主要是姐妹染色单体分离和四分体形成，其过程与有丝分裂相似，分为前期Ⅱ、中期Ⅱ、后期Ⅱ和末期Ⅱ。

前期Ⅱ：时间较短，染色体呈细丝状。

中期Ⅱ：细胞内染色体又排列在赤道板上，纺锤体重新出现。

后期Ⅱ：着丝粒分裂，染色体上的两条染色单体分别向两极移动。

末期Ⅱ：子染色体到达两极，解螺旋。新细胞壁形成。核膜、核仁重新出现。四分体形成，但仍被共同的胼胝质壁所包围。

3. 百合子房解剖结构的观察

取百合子房横切片（示胚珠结构），在低倍镜下观察，可见百合子房由3个心皮彼此连合而成，构成具有3个子房室的复雌蕊。外围的壁为子房壁。子房壁内、外面各有一层表皮，两表皮之间为多层薄壁细胞，其中分布着维管束。中间的子房室中在每个心皮的内侧边缘上各有一纵列胚珠。在整个子房内共有胚珠 6 列，每个子房室在横切面上只看到两个胚珠（图 1-8-2）。

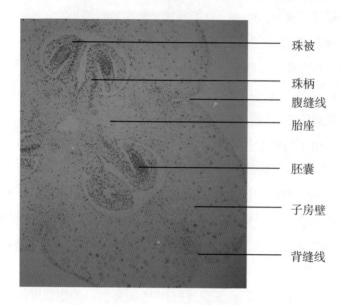

珠被

珠柄
腹缝线
胎座

胚囊

子房壁

背缝线

图 1-8-2　百合成熟子房

选择一个通过胚珠正中的切面，仔细观察。百合胚珠是倒生的，以珠柄着生于子房中间的胎座（中轴胎座）上。缓慢移动切片，寻找珠被、珠孔、合点和胚囊几个部分。

珠柄：胚珠与胎座相连接的部分叫珠柄。

珠被：包在胚珠外围的薄壁组织，一般分为两层，分别称为外珠被和内珠被。但百合珠被近珠柄的一面只有一层。

珠孔：内、外珠被不是完全密封的。胚珠顶端不闭合，所保留的孔隙，叫作珠孔。百合珠孔与珠柄在同一侧，所以百合胚珠属倒生胚珠类型。

珠心：包在珠被里面的部分。

合点：在珠心基部，珠心与珠被连合的部位叫作合点。子房中的维管束，就是通过珠柄，经合点而到达胚珠内部的。

胚囊：珠心中部有一个大的囊状结构，即为胚囊。成熟胚囊内有 7 个细胞（或 8 个核）。靠近珠孔端有 3 个细胞。其中，居于中间的细胞形状较大，为卵细胞；两侧的 2 个细胞较卵细胞略小，为助细胞。卵细胞和助细胞共同构成卵器。靠近合点端，也有 3 个细胞，称为反足细胞。在胚囊中间可找到极核或中央细胞。

4. 百合胚囊的发育与结构观察

取百合胚囊各个时期发育永久切片，用显微镜观察，识别胚囊母细胞时期、二分体和四分体时期、胚囊发育时期、成熟胚囊时期。

在早期的胚珠中，珠被尚未包被到珠心顶端。在珠心表皮下有一个较大的细胞为孢原细胞。百合胚珠属于薄珠心类型。孢原细胞位于表皮下，起大孢子母细胞的作用。在发育较晚的切片中，胚珠内可看到胚囊母细胞经过减数分裂，形皮 4 个排列成行的大孢子。百合胚囊的发育属于贝母型，即 4 个大孢子核一起参与胚囊的形成。

胚囊母细胞时期：主要观察百合幼嫩子房内中轴上的胚珠发生情况。在有些切片中，胚珠刚发生，仅为一个突起，即胚珠原基。有些切片中，胚珠的珠心已发育形成，外珠被、内珠被也已发育成熟；位于珠心中央的孢原细胞进一步发育，明显大于周围细胞，这就是胚囊母细胞。还有的切片中，胚囊母细胞内出现了染色体，说明已经进入减数分裂。

四分体时期：此时百合胚珠的两层珠被已发育完全，胚珠已倒转过来，胚囊母细胞正经历减数分裂。第一次分裂形成两个大小相同的细胞核，此时细胞称为双核细胞。接着此二核进行减数分裂的第二次分裂，形成 4 个大小相等的细胞核，即形成 4 个大孢子，此时期称为四分体时期。4 个大孢子核的染色体数目均为母细胞染色体数目的一半，为单倍体。注意：百合胚囊母细胞的两次核分裂，都不伴随胞质分裂，即无细胞壁的形成。

胚囊发育时期：百合的 4 个大孢子核形成后，3 个大孢子核移向合点端，珠孔端只留下 1 个大孢子核。此后，大孢子核进行有丝分裂。合点端的 3 个核先合并成 1 个三倍体核，再进行分裂，形成两个细胞核（三倍体）。珠孔端的核正常分裂，形成两个小的细胞核（单倍体）。此时胚囊内出现了两个大核和两个小核，称为四核胚囊。这 4 个核再各进行一次有丝分裂，形成具有 4

个大核、4个小核的八核胚囊。

成熟胚囊时期：八核胚囊形成后，珠孔端和合点端各有一个核移向胚囊中央，相互靠拢形成两个极核，并与周围的细胞质组成中央细胞。合点端的3个大核进一步发育成3个反足细胞。珠孔端的3个小核，分别发育成卵细胞和两个助细胞，构成卵器。于是七细胞八核胚囊发育成熟，这就是成熟胚囊。

四、实验报告

① 绘百合幼嫩花药结构图。

② 绘百合成熟胚珠（示胚囊）结构图，注明各部分名称。

五、思考题

① 百合幼嫩花药和成熟花药结构有哪些不同？

② 减数分裂与有丝分裂有何异同？它们在植物体内各起什么作用？

③ 胚珠是怎样形成的？百合倒生胚珠包括哪些组成部分？

④ 百合胚囊的发育属于哪种类型？与蓼型胚囊发育过程有什么不同？

⑤ 百合胚囊的发育经历哪些时期？百合成熟胚囊由哪些细胞构成？

藻类的观察

一、实验目的

① 通过对藻类代表属种的观察，掌握藻类的特征。

② 识别藻类的常见种类，学会观察和鉴定藻类植物的基本方法。

二、实验用品

蓝藻门、绿藻门、硅藻门、褐藻门、红藻门的常见种类，海带带片切片，海带配子体装片，紫菜腊叶标本，紫菜横切永久制片，等等。显微镜、解剖针、镊子、载玻片、盖玻片、烧杯和培养皿等。I_2-KI染液、0.1%亚甲基蓝水溶液。

三、实验内容

藻类是植物界中最低等、最简单的类群。藻类最主要的特征是形态多样，结构简单，无真正根、茎、叶的分化，生殖方式多样，主要生活在水中，均为光合自养生物。

1. 蓝藻门

（1）颤藻

颤藻分布最为广泛，在污水沟和湿地上最多，在温暖季节生长最旺盛，常在浅水底层形成蓝绿色膜状物，或成团漂浮在水面上。一年四季都可采到。为了得到干净的实验材料，可在实验的前一两天将采来的材料放在小烧杯的水中，它们可借滑行、摆动而移到杯壁上。用小镊子或解剖针挑取杯壁上的蓝绿色丝状物，置于载玻片的一滴水中，盖上盖玻片，制成临时装片，用显微镜观察。

颤藻是由一列细胞组成的无分枝的丝状体。注意观察颤藻是如何运动的，理解颤藻名字的由来。

在低倍物镜下选择丝状体较宽、细胞界限较清楚的种类，然后换用高倍物镜仔细观察。其藻丝由单列细胞所组成，无异形胞。注意两端的细胞有何特点，区分藻丝中的死细胞和隔离盘。死细胞和隔离盘均为双凹形。隔离盘内含胶质，深绿色。死细胞是空的，在镜下看起来发亮。死细胞和隔离盘所间隔的一段藻丝是一个藻殖段。思考藻殖段有何作用。

随后，从盖玻片一侧加一滴 0.1%亚甲基蓝水溶液，在高倍物镜下观察。中央质被亚甲基蓝染成深蓝色，可与色素质区分开。

挑取少量颤藻新鲜材料于载玻片上做成临时装片，并从侧面加一滴 I_2-KI 染液，可观察到蓝藻淀粉粒变为红褐色。此外，还可观察到蓝藻颗粒体，它们多分布在细胞横壁附近，大小不等。

〔2〕念珠藻

实验前几十分钟将地木耳或发菜浸泡在温水中。用镊子取芝麻粒大小的胶质小块或胶质丝置于载玻片中央，加一滴清水。用镊子或解剖针将胶质小块适当破碎，盖上盖片，并用手指轻压盖片，使材料均匀散开，即可用显微镜观察（图 1-9-1）。观察时需注意散布在胶质中的藻丝的数量和形状，藻丝是否有分枝、有无胶质鞘，组成藻丝的细胞的种类，异形胞在细胞列中的分布特点。特别要注意观察异形胞在大小、结构和颜色等方面与营养细胞以及厚壁孢子的不同。异形胞和营养细胞相连接的两端可看到发亮的折光性较强的节球。

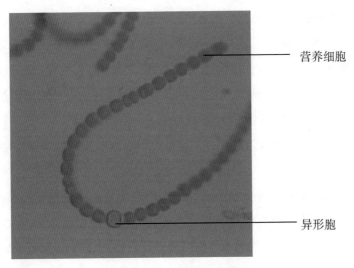

营养细胞

异形胞

图1-9-1 拟球状念珠藻

2.绿藻门

（1）衣藻

衣藻为绿藻纲团藻目中单细胞藻类的代表。衣藻分布广泛，多生于有机质丰富的池塘、水坑或积水缸中，在春季和夏季可采到，在实验室中也容易培养成活。

用吸管取一滴含有衣藻的培养液，制成临时装片。先在低倍物镜下观察，注意衣藻的形态、大小及运动。然后将个体较大的移至视野中央，换高倍物镜仔细观察其细胞结构。

① 叶绿体：注意叶绿体的数目、位置、大小和形状。观察时可适当缩小光圈，最好在光路中安装蓝色滤光片。

② 眼点：注意眼点的位置和颜色。思考它在细胞的何种结构中，有何功用。

③ 伸缩泡：在细胞前端的细胞质中。光镜下看，伸缩泡为两个发亮的小泡。

④ 蛋白核：注意蛋白核的位置、数目、大小和形状。

⑤ 鞭毛：在较暗视野下，可以看见不动或微动的鞭毛。

⑥ 细胞壁、细胞质和细胞核：细胞核是最难观察的，需要在杯状叶绿体

凹陷处附近的细胞质中寻找。

加一滴I_2-KI溶液于盖玻片一侧，另一侧用吸水纸吸，将细胞杀死并染色，用显微镜观察。注意蛋白核发生的变化。鞭毛因吸碘而加粗，好似两条灰白色的胶质线，由细胞顶端伸出。注意鞭毛的长度，思考它是茸鞭型还是尾鞭型。细胞核被碘液染成了棕黄色。

取经过染色的衣藻永久制片，在显微镜下观察衣藻的叶绿体及鞭毛。

（2）水绵

水绵属接合藻纲，为淡水池塘和沟渠中最常见的一类丝状绿藻。先用手指触摸水绵丝状体感觉它们是否很黏滑，再用镊子取少量水绵丝状体做临时装片（注意用针把丝状体拨散开），用显微镜观察其形态和细胞结构。

① 藻体的形态：水绵为单列细胞组成的无分枝的丝状体，注意有无细胞分化。

② 细胞结构：最明显的是每个细胞中都有螺旋绕生的带状叶绿体。要注意的是，不同种类叶绿体的数目是不一样的，螺旋间距和螺旋数也不同。观察在叶绿体上蛋白核的数目和排列方式。之后从盖玻片一侧加一滴I_2-KI染液并在另一侧用吸水纸吸。选择一条藻体较宽又仅含一条叶绿体的水绵，详细观察一个细胞的结构。

③ 接合生殖：水绵在春季和秋季多发生接合生殖。此时藻体的颜色由鲜绿色变为黄绿色，且常成片漂浮在水面上。用镊子取少量有接合生殖现象的藻丝制作临时装片，按上述方法观察。如没有这种材料，可以观察永久制片。要详细观察接合生殖的整个过程。注意成熟合子的形状、颜色和壁上的花纹。在观察的同时想想水绵是否有性的分化，所观察的水绵的接合生殖属于哪种类型。

3. 褐藻门

海带的孢子囊群位于成熟带片的两侧。取海带带片切片，置于显微镜下观察，可区分出表皮、皮层和髓三部分（图1-9-2）。

表皮：由最外边1～2层排列紧密的、含有色素的方形小细胞组成，外有角质层。

皮层：由表皮内多层排列疏松的细胞组成。含有色素的为外皮层，具有黏液腔；内侧较大而无色素的细胞为内皮层。

髓：位于带片中央，由横走丝、纵走丝和顶端膨大的喇叭丝所组成。

取海带配子体装片，仔细观察其形态特征。雄配子体为分枝丝状体，由几个到十几个细胞组成，其上的精子囊产生精子。雌配子体一般由一个细胞组成，卵囊椭圆形，产生一个卵。卵成熟时，由卵囊排出并附着在卵囊顶端受精。受精后，合子萌发成小孢子体。

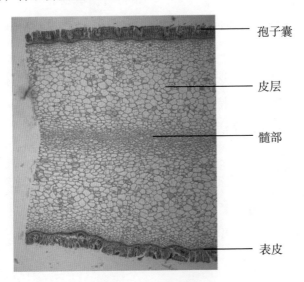

　　　　　　　　　　　　　　　　　　　　　孢子囊

　　　　　　　　　　　　　　　　　　　　　皮层

　　　　　　　　　　　　　　　　　　　　　髓部

　　　　　　　　　　　　　　　　　　　　　表皮

图 1-9-2　海带带片

4. 红藻门

紫菜的形状和颜色：取紫菜的腊叶标本（或用水浸泡的市售紫菜），观察其颜色和形状，注意在薄的叶状体的基部有一个圆盘形的小固着器。

取紫菜横切永久制片，用显微镜观察，比较营养细胞、果胞、果孢子和精子囊的形状、大小、数目和排列方式。在营养细胞、果胞和果孢子中都有一个星芒状色素体。

四、实验报告

① 绘念珠藻属丝状体一段，示营养细胞、异形胞、厚壁孢子和藻殖段等结构。

② 绘水绵接合生殖过程。

③ 绘海带带片的横切面图。

④ 绘紫菜营养细胞、精子囊、果胞和果孢子切面图。

五、思考题

① 通过对实验材料的观察，总结蓝藻门的主要特征，归纳蓝藻藻体的主要类型。

② 蓝藻门的原始性表现在哪些方面？为什么把蓝藻归入原核生物？

③ 褐藻门有哪些主要特征？

④ 试述部分藻类的生活史。

菌类和地衣的特征

按照Whittake的五界生物系统，菌类不属于植物界。考虑到传统的植物学知识体系和目前各学科间的知识衔接，本教材附带介绍菌类和地衣的相关内容。

菌类包括真菌、黏菌和细菌。地衣是由真菌与一些绿藻或蓝藻共生形成的互惠共生体。

一、实验目的

① 掌握菌类和地衣的主要特征。

② 认识一些常见的菌类和地衣。

二、实验用品

发网菌（带孢子囊）、黑根霉、蘑菇等液浸标本，细菌三型制片，黑根霉有性生殖制片，青霉制片，壳状地衣、枝状地衣、叶状地衣的盒装干标本，地衣叶状体横切面制片，等等。生物显微镜、体视显微镜、解剖针、放大镜、吸水纸、镊子、载玻片、盖玻片、纱布、刀片、吸管、2H或3H铅笔等。蒸馏水、质量分数为0.03%的浓碘液、体积分数为95%的乙醇溶液、质量分数为3%的氢氧化钾溶液和体积分数为8%的甘油溶液等。

三、实验内容

1. 菌类特征及代表种类

菌类包括细菌、黏菌和真菌 3 个门，在水、空气、土壤以及动、植物体内均有分布。

（1）细菌门代表种类观察

取细菌三型装片，置于显微镜下观察。细菌无细胞核，为原核生物，形态上可分球菌、杆菌和螺旋菌三类。

（2）黏菌门代表种类观察

观察发网菌的孢子囊。其孢子囊为紫灰色的细长毛状物，长 1 ~ 2 cm。将孢子囊置于载玻片上，分别滴加体积分数为 95% 的乙醇溶液、质量分数为 3% 的氢氧化钾溶液和体积分数为 8% 的甘油溶液各一滴，制成临时装片，置于显微镜下观察。孢子囊下具长柄，孢子囊柄伸入孢子囊内的部分称为孢子囊轴，囊轴四周有许多孢丝交织成的孢网，孢丝间产生许多孢子。

（3）真菌门代表种类观察

黑根霉是常见的腐生菌，常生长在馒头、面包或腐败的食物上。用解剖针挑起少量白色绒毛状的菌丝体，制成临时装片，置于显微镜下观察，可看到黑根霉的两种菌丝：匍匐横生的匍枝和直立向上的菌丝。匍枝与基质接触处产生具分枝的假根，假根伸入基质中吸收养分。菌丝顶端形成孢子囊，孢子囊中产生许多孢子。孢子黑色，壁很厚。

取黑根霉有性生殖装片，在显微镜下观察。2 个不同接合型（以 +、− 表示）的菌株靠近。菌丝上生出侧枝，侧枝顶端接触处膨大，形成配子囊。配子囊与菌丝短枝之间有一个横壁，横壁后面部分是配子囊柄。配子囊成熟后，连接处的细胞壁消失，原生质体相互融合形成一个黑色、厚壁的合子，称为接合孢子。

子囊菌纲的青霉菌多生于腐烂水果表面。取青霉制片观察，可见菌丝有横隔，由单列细胞构成。无性繁殖时，菌丝上生有长而直立的分生孢子梗。孢子梗的顶端有数级分枝，呈扫帚状，最末级的分枝叫作分生孢子小梗。分生孢子小梗顶端产生多个球形的、成串的分生孢子。成熟的分生孢子青绿色，飞散萌发形成新菌丝体。有性生殖少见。

观察担子菌纲的蘑菇。蘑菇子实体呈伞状，可分为伞盖和伞柄两部分。伞盖下方有许多放射排列的菌褶，其上着生担子和担孢子，可进行孢子繁殖。

2. 地衣特征及代表种类

地衣是真菌和藻类共生的一类特殊生物，无根、茎、叶的分化，能生活在各种环境中。共生藻类主要是蓝藻和绿藻，能进行光合作用，制造有机物；共生真菌以子囊菌最多，能吸收水和无机盐，并包被藻体。地衣根据不同生长型，可分为壳状地衣、叶状地衣、枝状地衣 3 种。

取壳状地衣、叶状地衣和枝状地衣标本观察。壳状地衣原植体紧贴基物，难以分开。叶状地衣原植体呈扁平状，有背、腹之分，以假根或脐固着于基物上，易于采下。枝状地衣原植体直立，呈枝状、丝状或悬垂分枝状。

取地衣叶状体横切面，置于显微镜下观察。有的地衣叶状体有上、下两层表皮，在上表皮下可看到许多颗粒状藻类组成的藻胞层，藻胞层与下表皮之间为菌丝组成的髓层，这样的地衣属于异层地衣。有的无藻胞层和髓层的分化，即菌丝和藻类细胞混生在一起而构成髓层，这样的地衣属于同层地衣。

四、实验报告

以文字描述、画图或制作检索表的方式来说明菌类的特征。

五、思考题

① 藻类与菌类、细菌与真菌的主要异同点是什么？

② 子囊菌纲有哪些主要特征？

③ 为什么说地衣是藻菌的共生体？

苔藓植物、蕨类植物和裸子植物的特征

一、实验目的

① 掌握苔藓植物、蕨类植物和种子植物的主要特征。

② 认识一些常见的苔藓、蕨类和裸子植物。

③ 理解世代交替的概念。

二、实验用品

地钱、葫芦藓、蕨、槐叶蘋、苏铁（铁树）、银杏（公孙树）、红松等新鲜、液浸或腊叶标本。地钱雌生殖托纵切片、地钱雄生殖托纵切片、葫芦藓雌枝纵切片、葫芦藓雄枝纵切片、蕨原叶体装片、松大孢子叶球及小孢子叶球纵切片等。显微镜、解剖镜、解剖针、放大镜、吸水纸、镊子、载玻片、盖玻片、纱布、刀片、吸管、HB ~ 2B 铅笔等。

三、实验内容

1. 苔藓植物门特征与代表植物

苔藓植物是一类结构比较简单的非维管束高等植物，通常分为苔纲和藓纲两大类。一般生于阴湿的地方，是植物从水生到陆生过渡形式的代表。植物体大多有类似茎、叶的分化，无真正的根，无维管组织的分化。在生活史中，配子体占优势，孢子体不能离开配子体生活。

（1）苔纲常见植物——地钱的观察

地钱是最常见的苔纲植物，多生于潮湿处。取地钱新鲜或液浸标本观察，植物体（配子体）为二叉分支的叶状体，前端凹陷处为生长点，有背、腹之分。在生长季节，绿色的背面（上面）能见到胞芽杯，其内产生胞芽，可进行营养繁殖；灰绿色的腹面（下面）生有假根和鳞片，可固着和保水。地钱雌、雄异株，有性生殖时分别在雌、雄配子体分叉处产生雌生殖托、雄生殖托。雌生殖托由托柄和托盘组成，托盘为一个多裂的星状体。雄生殖托托盘呈盘状，边缘有缺刻。

用低倍物镜观察地钱雌生殖托纵切片，可以看到生殖托背面有 8 ~ 10 条指状芒线，指状芒线下方倒悬着瓶状颈卵器。在高倍物镜下观察，可见颈卵器分为颈部和腹部：颈部外面围以一层颈壁细胞，其内有一列颈沟细胞；腹部围以腹壁细胞，其内有一个卵细胞；颈沟细胞与卵细胞间有一个腹沟细胞。成熟颈卵器内的颈沟细胞和腹沟细胞均已解体。取地钱雄生殖托纵切片观察，雄生殖托托盘边缘浅波状，精子器着生在生殖托上面的腔内。精子器外壁由一层薄壁细胞构成，内部有多数精细胞。精、卵细胞借助水结合，形成合子，经胚发育阶段长成孢子体。

观察地钱孢子体示范材料，可见孢子体寄生于雌生殖托下方，由孢蒴、蒴柄和基足3部分组成。

（2）藓纲常见植物——葫芦藓的观察

葫芦藓是藓纲常见植物。通常生长在有机质丰富、含氨较多的湿土上。取葫芦藓植株（配子体），用放大镜观察，可见其植株矮小，长 1 ~ 3 cm，有茎、叶分化，假根固着，雌、雄同株但不同枝。雄枝顶端产生雄器苞，形似一朵花，内含很多精子器和隔丝。用解剖针剥去外面的苞叶，即可看到黄褐色棒状精子器。雌枝顶端产生雌器苞，形似一个顶芽，其中有数个直立的颈卵器和隔丝。用解剖针剥去外面苞叶，即可看到瓶状颈卵器。

仔细观察其瓶状颈卵器，可见颈卵器外有一层细胞组成的颈卵器壁，上面较长的颈部内有颈沟细胞，下面膨大的的腹部内有一个卵细胞。颈卵器之间有隔丝，其外有雌苞叶。

取葫芦藓雄枝顶端纵切片，仔细观察其精子器，可见精子器外有一层细胞组成的精子器壁，内有精子。精子器之间有隔丝，其外有雄苞叶。

精、卵细胞借助水结合，形成合子，发育成胚，最终长成孢子体。葫芦藓孢子体寄生在配子体上。取葫芦藓孢子体，用放大镜观察，可见其明显分为孢蒴、蒴柄和基足3部分。孢蒴梨形，内生孢子。蒴柄细长，上部弯曲。基足插生于配子体内。孢子成熟后散出，落于阴湿处萌发成原丝体，再发育成雌、雄配子体。

2. 蕨类植物门特征与代表植物

蕨类植物是最原始的维管植物。配子体和孢子体都能独立生活，但孢子体发达，产生孢子囊和孢子，有根、茎、叶的分化，不具花；配子体简化，称为原叶体。蕨类植物以孢子繁殖，世代交替明显，无性世代占优势。蕨类植物门通常分为水韭纲、松叶蕨纲、石松纲、木贼纲和真蕨纲5个纲。

（1）陆生真蕨代表植物——蕨的观察

蕨为林地、灌丛、荒山草坡最常见的蕨类植物。观察蕨新鲜或腊叶标本。孢子体分根、茎、叶3部分。根状茎长而粗壮，横卧地下，表面被棕色茸毛。叶每年春季从根状茎上长出。幼叶拳卷。叶成熟后平展，呈三角形，有长而粗壮的叶柄，为2～4回羽状复叶，叶脉分离。孢子囊棕黄色，在小羽片或裂片背面边缘集生成线形孢子囊群，外有囊群盖。

取蕨的原叶体（配子体）装片观察。原叶体很小，心形，腹面具假根。假根之间分布着球形的精子器。心形原叶体内凹处有许多颈卵器。颈卵器的腹部埋藏在原叶体组织内，而颈部则伸出原叶体的下表面，因而从顶部观察呈圆形。

（2）水生真蕨代表植物——槐叶蘋的观察

槐叶蘋是漂浮水生植物，喜生于流动的浅水池塘和水沟中。植物体（孢子体）有茎、叶之分，无根。茎匍匐生长，每节三叶轮生：上面两片叶绿色，扁平，浮于水面呈羽状排列，好似槐树叶；下面一片叶裂为细丝，形如须根，沉于水中。孢子囊果球形，密被褐色毛，着生于水下叶的叶片基部，呈集结状排列，是由囊群盖变态而成的。孢子果分为大、小两种，大孢子果较小，内生少数大孢子囊；小孢子果较大，内生多数小孢子囊。

3. 裸子植物门特征与代表植物

裸子植物是种子植物中较低等的一类，为介于蕨类和被子植物之间的维管植物。它们的胚珠外面没有子房壁包被，不形成果皮，种子是裸露的，故称裸子植物。裸子植物孢子体，即植物体，极为发达，多为乔木，少数为灌木或藤本植物，受精过程不再受水的限制；配子体则极为简单，不能脱离开孢子体而独立生活。裸子植物门通常分为苏铁纲、银杏纲、松柏纲、红豆杉纲和买麻藤纲5个纲。

（1）苏铁纲常见植物——苏铁的观察

苏铁是常见的常绿乔本。主干粗壮，无分枝，顶端簇生大型羽状深裂的复叶。雌雄异株。小孢子叶球圆柱状，生于茎顶，其上螺旋状排列有许多鳞片状小孢子叶，每片小孢子叶背面密生许多由3～5个小孢子囊组成的小孢子囊群。大孢子叶密被黄褐色绒毛，丛生于茎顶，上部顶端宽卵形，羽状分裂；下部窄的长柄上生有2～6个胚珠。胚珠直生，有一层珠被。珠心顶端有喙和花粉室，珠心的胚囊发育有2～5个颈卵器。

（2）银杏纲常见植物——银杏的观察

银杏是孑遗植物，为落叶大乔木，枝条有长、短两型。长枝为营养枝，短枝为生殖枝。叶扇形，具二叉叶脉，在长枝上螺旋状着生，在短枝上为簇生状。雌雄异株。小孢子叶球荑荑花序状。小孢子叶有短柄，柄端有两个小孢子囊组成的小孢子囊群。大孢子叶球具一长柄，柄端有两个环形的大孢子叶，称为珠领。大孢子叶顶端各生一个直生胚珠。

（3）松柏纲常见植物——红松的观察

取红松枝条观察。小枝被黄褐色或红褐色毛。幼树皮灰褐色，近光滑。大树树皮带红褐色、鳞块状不规则开裂，内皮浅驼色，裂缝呈红褐色。

取红松小孢子叶球纵切片，用显微镜观察，可看到小孢子叶及其下面的小孢子囊，在小孢子囊中有许多小孢子。仔细观察小孢子，可看到孢子的两侧面各有一个气囊，小孢子中有 4 个大小不同的细胞（其中两个原叶细胞已经退化，仅留痕迹。另外两个细胞，一个为管细胞，一个为生殖细胞。生殖细胞可形成两个精子）。这种具有四细胞结构的小孢子，就是红松的雄配子体。

取红松大孢子叶球纵切片，用显微镜观察，可看到在大孢子叶上面有大孢子囊（胚珠）。每个胚珠有一层珠被，前面为珠孔。珠被内为珠心，珠心中的大孢子（由大孢子母细胞经减数分裂而来）以后发育的雌配子体。雌配子体上有极简化的颈卵器。

四、实验报告

以文字描述、画图或制作检索表的方式来说明苔藓植物、蕨类植物和裸子植物的特征。

五、思考题

① 苔藓植物有哪些主要特征？

② 以地钱和葫芦藓为例，说明苔纲和藓纲的区别。

③ 以蕨为例，说明蕨类植物的主要特征。

④ 苏铁、银杏和红松的大孢子叶有何差别？

综合性实验

水生高等植物叶输导组织的观察和叶脉书签的制作

一、实验目的

① 观察植物叶输导组织。

② 掌握叶脉书签的制作方法。

二、实验用品

叶子：一般以常绿木本植物的叶子为好，如桂花叶、石楠叶、木瓜叶、桉树叶、茶树叶、玉兰叶。用于制作书签的叶子要符合两大要求：第一，叶脉为网状脉，叶形较宽。叶脉为平行脉的叶子（如银杏树叶）、针形叶（如松针）均不可取。第二，叶脉清晰、完整，这样才能确保叶脉不会与叶肉一起被煮烂，也降低去除叶肉时叶脉被刷断的发生率。

另外需要质量分数为 10% 的氢氧化钠溶液、食用碱、双氧水、玻璃棒、镊子、烧杯、铁架台、酒精灯、小试管刷或毛质柔软的旧牙刷、玻璃板。

三、实验内容

叶脉书签就是除去表皮和叶肉组织，而只由叶脉做成的书签。书签上，中间一条较粗壮的叶脉称主脉，在主脉上分出的许多较小的分枝称侧脉，侧脉上分出的更细小的分枝称细脉。这样一分再分，整个叶脉系统连成网状结构。把这种网状叶脉染成各种颜色，系上丝带，即成漂亮的叶脉书签了。

一般的树叶叶脉太嫩，去掉叶肉就散架了。桂花树或茶树的叶子，叶面宽阔、平整，是做叶脉书签的最好材料。将叶子放到锅里，放入一些食用碱，加上水，盖上锅盖，先用大火烧开，再用文火慢煮，至叶肉发黄、水呈棕色即可捞出。一边用刷子刷煮后的叶子，一边用清水清洗。露出叶脉后要小心轻柔一点，尽量保留叶柄上的叶肉。连煮带刷大概需两小时。把处理好的叶子放在吸水纸里，再夹到厚书里面压干。如果需要染色，可以把叶子整个浸泡到染液里，也可以用水笔涂色。但涂色可能会损坏叶脉，而且也不容易涂得均匀。最后在叶柄系上丝带，漂亮的叶脉书签就做好了。

叶脉书签快速制作步骤具体如下。

① 在叶子开始老化的夏末或秋季，选择叶脉粗壮而密的树叶制作。

② 用质量分数为 10% 的氢氧化钠溶液煮叶子。在不锈钢锅或铁锅内放入适量洗净的叶子，加入配好的碱液，煮沸。这时常用玻璃棒或镊子轻轻翻动，防止叶片叠压，使其均匀受热。应开窗通风，因为煮叶片时有臭味。

③ 煮沸 5 分钟左右，待叶子发黄，用镊子捞取一片，放入盛有清水的塑料盆中，小心地用清水洗净。注意：一定不要用手直接取放叶子，防止氢氧化钠腐蚀手。

④ 当叶子上残留碱液漂洗干净后，将叶子取出，平铺在一块玻璃板上，用小试管刷或毛质柔软的旧牙刷轻轻顺着叶脉的方向刷掉叶肉，直到只留下叶脉。注意一边刷一边常用小流量的自来水冲洗。

⑤ 将叶脉放入双氧水中浸泡 24 小时，以达到漂白效果。

⑥ 将漂洗后的叶脉放在玻璃板上晾干。当晾到半干半湿状时涂上所需的各种染料，然后夹在旧书报纸中，吸干水分后取出，即可成为叶脉书签使用。

四、注意事项

① 树叶宜选用桂花树、茶树、白杨树、玉兰树等质地较柔韧的叶。在洗刷时必须极仔细、小心，切忌急于求成，否则叶脉易刷坏。

② 使用氢氧化钠时应注意安全，不可用手直接触碰。

实 验1-13

校园植物的调查研究

一、实验目的

① 通过对校园植物的调查研究使学生熟悉观察、研究区域植物及其分类的基本方法。

② 认识校园内的常见植物。

二、实验用品

放大镜、镊子、铅笔、笔记本、检索表等。

三、实验内容

1. 校园植物形态特征的观察

植物种类鉴定必须在严谨、细致的观察研究后进行。在对植物进行观察、研究时，首先要观察清楚每一种植物的生长环境，再观察植物具体的形态结构特征。植物形态特征的观察应起始于根（或茎基部），结束于花、果实或种子。先用眼睛进行整体观察，细微、重要部分须借助放大镜观察。特别是对花的观察、研究要极为细致、全面，从花柄开始，到花萼、花冠、雄蕊，最后到雌蕊。必要时要对花进行解剖，分别做横切和纵切，观察花各部分的排列情况、子房的位置、组成雌蕊的心皮数目、子房室数目及胎座类型等。只有这样，才能全面、系统地掌握植物的详细特征，才能正确、快速地鉴定植物。

2. 校园植物种类的鉴定

在对植物观察清楚的基础上，鉴定植物就会变得很容易。对校园内特征明显、自己又很熟悉的植物，确认无疑后可直接写下名称。对生疏种类借助于植物检索表等资料进行检索、识别。

在把区域内的所有植物鉴定、统计后，写出名录并把各植物归属到科。

3. 校园植物的归纳分类

在对校园植物识别、统计后，为了全面了解校园内的植物资源情况，还须对它们进行归纳分类。分类的方式可根据自己的研究兴趣和校园植物具体情况进行选择。对植物进行归纳分类时要学会充分利用有关的文献。下面是几种常见的校园植物归纳分类方式。

① 按植物形态特征分类：木本植物（乔木、灌木、木质藤本）和草本植物（一年生草本、二年生草本、多年生草本）。

② 按植物系统分类：苔藓植物、蕨类植物、裸子植物、被子植物（双子叶植物、单子叶植物）。

③ 按经济价值分类：观赏植物、药用植物、食用植物、纤维植物、油脂植物、淀粉植物、材用植物、蜜源植物、鞣质植物和其他经济植物。

④ 编制校园植物的定距式检索表。

四、实验报告

写出所调查区域校园植物名录（归属到科），并对它们进行归纳分类。

五、思考题

通过对校园植物的调查、研究，谈谈你对学校绿化现状的意见和建议。

研究性实验

不同生境下植物叶片形态结构的观察比较

一、实验目的

通过对植物叶片形态结构的观察和比较，理解生境对植物的影响。

二、实验用品

夹竹桃叶、睡莲叶的横切永久装片。

三、实验内容

1.旱生植物夹桃叶横切面观察

取夹竹桃叶横切片，用显微镜逐项观察。

（1）表皮

表皮细胞2～3层，形成复表皮。细胞排列紧密。细胞壁厚，外有厚的角质层。下表皮有一部分细胞构成下陷的气孔窝。表皮毛发达。

（2）叶肉

栅栏组织细胞排列非常紧密，紧贴上、下表皮，由多层细胞构成。海绵组织位于上、下栅栏组织之间，细胞层数较多，细胞间隙不发达。在叶肉细胞中常含有簇晶。

（3）叶脉

维管束发达。主脉很大，为双韧维管束。

2. 水生植物睡莲叶横切面观察

取睡莲叶横切片，用显微镜观察。上表皮有气孔。栅栏组织和海绵组织分化明显。栅栏组织在上方，细胞含有较多的叶绿体。海绵组织在下方，气腔十分发达，并分布一些分枝石细胞。维管组织，特别是木质部不发达。

四、实验报告

① 绘夹竹桃叶通过主脉的横切面图，注明各部分的名称。

② 绘睡莲叶通过主脉的横切面图（示上表皮细胞的泡状细胞），并注明各部分的名称。

五、思考题

试说明叶片结构与功能的关系及结构与环境的适应性。

第二部分

植物生理学篇

基础性实验

实 验2-1

植物组织渗透势的测定（质壁分离法）

一、实验目的与原理

1.目的

特定浓度的溶液会使植物组织细胞发生质壁分离现象。观察植物质壁分离发生的过程并根据观察的结果测定植物组织渗透势。

2.原理

具有活性的植物细胞会持续与周围环境发生水分交换活动。植物细胞所具有的细胞壁、质膜和液泡膜等结构使之与其周围的溶液组成了一个渗透系统。当植物细胞内部溶液的渗透势与外部溶液的渗透势相等时，植物细胞的膨压为零。此时，外部溶液称为等渗溶液，溶液浓度称为等渗浓度。在等渗浓度条件下细胞处于质壁分离的临界点。一旦外部溶液浓度升高，水分由细胞流出到细胞外，质壁分离现象即可发生。由于很难用显微镜准确地观察到质壁分离现象的临界状态，所以常采用能够引起质壁分离现象的溶液浓度与不能引起质壁分离现象的溶液浓度的平均值，作为该细胞的等渗浓度。将等渗浓度代入相关公式可计算得到细胞内部溶液的渗透势。

二、实验用品

紫色洋葱鳞茎。

容量瓶，烧杯，试剂瓶，载玻片，盖玻片，镊子，刀片，培养皿（直径 6 cm)，量筒，显微镜，温度计。

蔗糖，蒸馏水。

三、实验内容

① 配制 1 mol/L 的蔗糖溶液(母液)，用稀释法分别配制成浓度为 0.1 mol/L、0.2 mol/L、0.3 mol/L、0.4 mol/L、0.5 mol/L、0.6 mol/L 等一系列浓度不同的蔗糖溶液(浓度范围可根据样品情况进行调整)，备用。

② 量取各浓度蔗糖溶液 20 mL，分别放于 6 个培养皿内。用刀片和镊子撕取 0.5 cm×0.5 cm 的洋葱外表皮，迅速投入各浓度的蔗糖溶液中，使洋葱表皮完全浸没。每一浓度的蔗糖溶液中投放 3 ~ 5 片。

③ 洋葱表皮在蔗糖溶液中平衡 20 min 后，由最高浓度的蔗糖溶液开始，依次取出洋葱表皮，置于滴有同样浓度蔗糖溶液的载玻片上，盖上盖玻片，在显微镜低倍物镜下进行观察，并记录质壁分离发生的程度、发生质壁分离现象的细胞所占比例。

④ 如果所有洋葱表皮细胞均已产生质壁分离现象，则选取下一个较低浓度蔗糖溶液中的洋葱表皮进行制片、观察。如果相邻浓度的处理组，高浓度组可以引起超过 50% 的细胞发生质壁分离而低浓度组发生质壁分离的细胞所占比例低于 50%，则可取这两个浓度的平均值作为等渗浓度，进行后续计算。

⑤ 记录室内气温，与所得到的等渗浓度共同代入下列公式，计算出等渗溶液的渗透势，即为常压下该组织细胞的渗透势($\varPsi_s$)：

$$\varPsi_s = -RTic \qquad (2-1-1)$$

式中：$\varPsi_s$ 为渗透势，单位为 MPa；R 为摩尔气体常数，取 0.008 3 L·MPa/(mol·K)；T 为热力学温度(K)，$T = 273+t$(t 为实验室室内气温，单位为 ℃)；i 为溶液溶质的解离系数，蔗糖的为 1；c 为等渗溶液的浓度，单位为 mol/L。

四、思考题

① 什么是植物细胞的渗透势？其生理作用是什么？

② 植物细胞发生质壁分离现象时，其水势由哪些部分组成？

实验2-2

植物组织水势的测定（小液流法）

一、实验目的与原理

1. 目的

掌握小液流法测定植物组织水势的基本方法。

2. 原理

植物组织的水分状况可用水势（Ψ）来表示。植物体细胞之间、组织之间以及植物体与环境之间水分交换的动力是不同体系之间的水势差。当植物组织的水势高于外部溶液时，组织失水；反之，组织从环境中吸收水分。若二者相等则水分交换处于平衡状态。组织的吸水或失水会引起自身的体积与质量发生变化，同时外部溶液的浓度、相对密度、电导率等参数也会发生相应变化。根据这些变化情况可确定与植物组织水势相等的溶液的浓度，并根据公式计算出溶液的渗透势，即植物组织的水势。

二、实验用品

植物叶片。

容量瓶，烧杯，试剂瓶，具塞试管，量筒，弯头毛细滴管，镊子，打孔器，解剖针，温度计。

蔗糖，亚甲蓝，蒸馏水。

三、实验内容

① 配制 1 mol/L 的蔗糖溶液（母液），用稀释法分别配制成浓度为 0.1 mol/L、0.2 mol/L、0.3 mol/L、0.4 mol/L、0.5 mol/L、0.6 mol/L、0.7 mol/L、0.8 mol/L 等一系列浓度不同的蔗糖溶液（浓度范围可根据样品情况进行调整），备用。

② 移取上述浓度的蔗糖溶液各 5 mL，分别放入具塞试管，编号，作为对照组。另移取上述浓度的蔗糖溶液各 5 mL，分别放入具塞试管，对应于对照组各管编号，作为实验组。

③ 选取状态均匀一致的植物叶片，用打孔器打取圆片。打孔时应注意避开主叶脉及有损伤的部位。

④ 用镊子在每个实验组试管中放入 15 片植物叶圆片。加塞后混匀，确保所有叶片均被溶液浸没。放置 30 min，其间每隔 5 min 摇动混匀一次，促进水分交换平衡。

⑤ 平衡结束后，用解剖针尖蘸取微量亚甲蓝粉末，加入各实验组试管中，摇动混匀。用弯头毛细滴管从实验组试管中吸取少许着色液体，插入装有同样浓度蔗糖溶液的试管中。当弯头毛细滴管尖端至溶液中部时缓慢放出一滴蓝色溶液。小心取出弯头毛细滴管（勿干扰蓝色液滴）。观察蓝色液滴的移动方向，记录结果。

⑥ 若蓝色液滴向下移动，则表示实验组溶液浓度升高，水分由外界溶液流向植物叶片，外部溶液渗透势高于植物叶片水势。若蓝色液滴向上移动，则表示实验组溶液浓度降低，植物叶片失水，植物叶片水势高于外部溶液渗透势。若蓝色液滴维持不动，则表示实验组溶液浓度没有变化，植物叶片既未失水也未吸水，水势与外部溶液渗透势相等。如果相邻浓度的实验组，一浓度蔗糖溶液中液滴下降，另一浓度蔗糖溶液中液滴上升，则取二者浓度的平均值作为等渗浓度。

⑦ 记录实验室气温，并分别记录各浓度液滴的移动情况，确定与植物叶片水势相等的溶液的浓度，根据公式计算溶液的渗透势（Ψ_s）。

$$\varPsi_c=\varPsi_s=-RTic \qquad (2\text{-}2\text{-}1)$$

式中：$\varPsi_c$ 为植物细胞水势，单位为 MPa；$\varPsi_s$ 为外部溶液渗透势，单位为 MPa；R 为摩尔气体常数，0.008 3 L·MPa/（mol·K）；T 为热力学温度，单位为 K，T=273+t（t 为实验室温，单位为℃）；i 为溶液溶质的解离系数，蔗糖的为 1；c 为等渗溶液的浓度，单位为 mol/L。

四、思考题

① 小液流法测定植物组织水势的实验过程中，哪些实验步骤易产生误差？该如何避免？

② 测定植物水势的方法还有哪些？比较不同测定方法的优缺点。

实 验2-3

植物组织硝酸还原酶活性的测定

一、实验目的与原理

1. 目的

初步掌握测定植物组织硝酸还原酶活性的原理和不同方法，了解硝酸还原酶的特性。

2. 原理

在植物体内的氮元素代谢过程中，硝酸还原酶是关键性酶之一。硝酸还原酶是氮同化反应中的第一个酶，也是限速酶，可以催化硝酸盐（NO_3^-）还原为亚硝酸盐（NO_2^-）。在一定条件下，NO_2^-的生成量与硝酸还原酶的活性正相关。NO_2^-的含量，可以通过磺胺比色法进行测定：在酸性条件下，NO_2^-可与对-氨基苯磺酸反应，生成重氮化合物。重氮化合物可以与α-萘胺反应，生成颜色稳定的红色偶氮化合物。红色偶氮化合物可通过比色法进行定量测定。

硝酸还原酶的常用测定方法分活体法和离体法两种。活体法是直接用鲜活材料进行测定。外界环境中的NO_3^-进入细胞，被还原后所形成的NO_2^-会扩散至环境溶液中。环境溶液中NO_2^-的含量即可反映组织中硝酸还原酶活性。离体法需要将待测样品进行研磨匀浆处理，过滤后得到的上清液即为酶粗提液。研磨过程中还原型烟酰胺腺嘌呤二核苷酸（NADH）受损失，因此需向环境溶液中添加外源NADH方可进行后续测定。

二、活体法

1. 实验用品

可选用小麦、玉米、菠菜、烟叶、藻类等新鲜植物组织。

天平，真空泵和真空干燥器，离心机，锥形瓶，水浴锅，恒温箱，分光光度计，移液管，试管。

5 μg/mL 亚硝酸钠标准溶液：将 1 g 亚硝酸钠溶解于 1 L 蒸馏水。吸取 5 mL 上述溶液，再加入蒸馏水稀释至 1 L。

0.1 mol/L 硝酸钾溶液：将 10.11 g 硝酸钾溶解于 1 L 蒸馏水中。

质量分数为 1.0% 的对-氨基苯磺酸溶液：将 1 g 对-氨基苯磺酸加入 25 mL 浓盐酸中，用蒸馏水稀释至 100 mL。

质量分数为 0.2% 的 α-萘胺溶液：将 0.2 g α-萘胺溶于含有 1 mL 盐酸的蒸馏水中，定容至 100 mL。

0.1 mol/L 磷酸缓冲液（pH 7.5）：分别量取 0.2 mol/L 磷酸氢二钠溶液 84.0 mL 和 0.2 mol/L 磷酸二氢钠溶液 16.0 mL，充分混匀后用蒸馏水稀释至 200 mL。

2. 实验内容

（1）标准曲线的绘制

取 6 支干净试管，编号，按表 2-3-1 顺序加入试剂。试剂混匀后在 30℃ 下放置 20 min。在 520 nm 波长下，以 0 号试管中溶液调零，分别测定其他各试管中溶液的吸光值。以亚硝酸含量为横坐标、吸光值为纵坐标绘制标准曲线。

表 2-3-1　用于标准曲线绘制的试剂配制表

试剂	试管编号					
	0	1	2	3	4	5
亚硝酸钠标准溶液 /mL	0	0.4	0.8	1.2	1.6	2.0
蒸馏水 /mL	2.0	1.6	1.2	0.8	0.4	0

续表

试剂	试管编号					
	0	1	2	3	4	5
质量分数为 1.0% 的对−氨基苯磺酸溶液 /mL	4.0	4.0	4.0	4.0	4.0	4.0
质量分数为 0.2% 的 α−萘胺溶液 /mL	4.0	4.0	4.0	4.0	4.0	4.0

（2）待测样品处理

将植物样品清洗干净，经蒸馏水冲洗后，用吸水纸吸干表面水分。将材料剪成 1 cm×1 cm 左右的小片，或用打孔器打取直径 1 cm 的圆片。随机选取植物组织，平均分为 6 份，每份约 1.0 g，分别放入锥形瓶中并编号。按表2-3-2 加入各种试剂。

表 2-3-2　用于活体样品酶活性测定的试剂配制表

试剂	锥形瓶编号					
	1	2	3	4	5	6
0.2 mol/L 硝酸钾 /mL	0	0	0	5.0	5.0	5.0
0.1 mol/L 磷酸缓冲液（pH 7.5）/mL	5.0	5.0	5.0	5.0	5.0	5.0
蒸馏水 /mL	5.0	5.0	5.0	0	0	0

（3）酶促反应

摇匀后将锥形瓶置于真空干燥器中，启动真空泵抽气 10 min。放气后叶片沉入溶液中。将锥形瓶取出，放入恒温箱或水浴锅，在 30℃、暗条件下保温 30 min。

（4）显色反应

分别吸取各锥形瓶中的反应液 2 mL 加入新试管中，依次加入 4 mL 质量分数为 1% 的对−氨基苯磺酸溶液和 4 mL 质量分数为 0.2% 的 α−萘胺溶液，30℃下显色 20 min 后，测定 520 nm 波长下的吸光值。根据 4～6 号锥形瓶中溶液吸光值的平均值与 1～3 号锥形瓶中溶液吸光值的平均值的差，结合标准曲线得到相应的亚硝酸钠含量，单位为 μg。

（5）计算

将步骤（4）中得到的亚硝酸钠含量，代入以下公式计算该组织硝酸还原酶活性。

$$\text{硝酸还原酶活性} \left[\mu g/(g \cdot h) \right] = \frac{X \times V_1/V_2}{W \times T} \tag{2-3-1}$$

式中：X 为产生的亚硝态氮量，单位为 μg；W 为样品鲜重，单位为 g；T 为反应时间，单位为 h；V_1 为提取酶时加入的缓冲液体积，单位为 mL；V_2 为酶促反应时加入的粗提酶液体积，单位为 mL。

三、离体法

1. 实验用品

可选用小麦、玉米、菠菜、烟叶、藻类等新鲜植物组织。

天平，离心机，研钵，恒温箱（或水浴锅），分光光度计，移液管，试管，锥形瓶。

质量分数为 1.0% 的对-氨基苯磺酸溶液、质量分数为 0.2% 的 α-萘胺溶液和 0.1 mol/L 磷酸缓冲液（pH 7.5）。上述溶液的配制同活体法中所述。

0.1 mol/L 硝酸钾溶液：10.11 g 硝酸钾溶解于 1 L 0.1 mol/L 磷酸缓冲液（pH 7.5）中。

2 mg/L NADH 溶液：2 mg NADH 溶解于 1 L 蒸馏水中。

0.025 mol/L 磷酸缓冲液（pH 8.7）：分别称取 8.864 g 十二水磷酸氢二钠和 0.057 g 三水磷酸二氢钾，溶解于蒸馏水中，定容至 1 L。

提取液：称取 0.372 g 乙二胺四乙酸（EDTA）和 1.211 g 半胱氨酸溶解于 10 mL 0.1 mol/L 磷酸缓冲液（pH 7.5）。临用时配制，不可长久保存。

2. 实验内容

（1）标准曲线的绘制

方法与活体法相同。

（2）粗提酶液的获得

洗净、擦干植物组织后，称取 0.3 ~ 0.5 g 放置于研钵中，−20℃冷冻 30 min。加入提取液 2 mL 和适量石英砂，研磨匀浆。之后以 4 000 r/min 的速率于 4℃离心 20 min。所得到的上清液即为粗提酶液。

（3）样品酶活性的测定

取 6 支干净的试管，编号后按表 2-3-3 加入各种试剂。混匀后于 30℃、暗条件下放置 30 min。分别迅速加入质量分数为 1.0% 的对 − 氨基苯磺酸溶液和质量分数为 0.2% 的 α− 萘胺溶液各 4 mL，混匀，30℃下显色 20 min 后，测定 520 nm 波长下的吸光值。

表 2-3-3　用于离体样品酶活性测定的试剂配制表

试剂	试管编号					
	1	2	3	4	5	6
粗提酶液 /mL	0.4	0.4	0.4	0.4	0.4	0.4
0.1 mol/L 硝酸钾 /mL	1.0	1.0	1.0	1.0	1.0	1.0
2 mg/L NADH 溶液 /mL	0	0	0	0.6	0.6	0.6
蒸馏水 /mL	0.6	0.6	0.6	0	0	0

（4）计算

根据 4 ~ 6 号试管中溶液吸光值的平均值与 1 ~ 3 号试管中溶液吸光值的平均值的差，结合标准曲线得到相应的亚硝酸钠含量（单位为 μg），代入以下公式计算该组织硝酸还原酶活性。

$$硝酸还原酶活性 [μg/(g \cdot h)] = \frac{X \times V_1/V_2}{W \times T} \qquad (2-3-2)$$

式中：X 为产生的亚硝态氮量，单位为 μg；W 为样品鲜重，单位为 g；T 为反应时间，单位为h；V_1为提取酶时加入的缓冲液体积，单位为mL；V_2为酶促反应时加入的粗提酶液体积，单位为mL。

四、注意事项

① 硝酸盐还原酶催化的反应要在黑暗条件下进行，以防止叶绿体光合作用时产生的还原性物质还原NO_2^-，确保测定结果的准确性。

② 硝酸还原酶是诱导酶，光照可对其进行诱导。所以应在光照时间不少于3 h后进行取样等后续实验操作。

③ 操作时间对本实验结果影响明显。实验过程中，应确保标准液与样品液的反应时间、显色及比色时间均保持一致。

五、思考题

① 硝酸还原酶及其诱导酶特性在植物氮代谢过程中的作用有哪些？

② 哪些因素会影响硝酸还原酶活性的精确测定？

③ 两种测定方法分别有哪些优缺点？

实 验 2-4

叶绿素的提取和理化性质分析

一、实验目的与原理

1. 目的

掌握植物中叶绿素分离方法并验证叶绿素的部分理化性质。

2. 原理

叶绿素是叶绿酸的两个羧基分别与甲醇和叶绿醇发生酯化反应形成的二羧酸酯。叶绿酸可以与强碱发生皂化反应形成绿色的可溶性叶绿素盐，从而将其与类胡萝卜素分开。在酸性或加温条件下，叶绿素卟啉环中的镁离子（Mg^{2+}）可被氢离子（H^+）取代，形成褐色的去镁叶绿素；也可以被铜离子（Cu^{2+}）取代，形成绿色的铜代叶绿素。叶绿素受光激发后很不稳定，返回基态时会发出红色荧光，反射光下可见。

二、实验用品

植物叶片或含有叶绿素a、叶绿素b的植物组织。

分光光度计，电子天平，量筒，研钵，剪刀，漏斗，滤纸，移液管，试管，试管架，洗耳球，酒精灯。

体积分数为95%的乙醇溶液、丙酮、体积分数为80%的丙酮溶液、乙酸铜、体积分数为5%的稀盐酸、乙醚、碳酸钙、石英砂、质量分数为30%的氢氧化钾甲醇溶液等。

三、实验内容

1. 叶绿素的提取

取植物新鲜叶片 0.3 g，洗净，擦干，去掉中脉，剪碎，放入研钵中。加入少量石英砂或碳酸钙、2 ~ 3 mL 体积分数为 95% 的乙醇溶液，研磨至匀浆。再加入 2 ~ 3 mL 体积分数为 95% 的乙醇溶液，过滤，即得色素提取液。

2. 荧光现象的观察

取 1 支试管，加入叶绿素提取液，分别观察透射光与反射光直射下溶液的颜色。

3. H^+ 和 Cu^{2+} 对叶绿素分子中镁的取代作用

取两支试管，分别加入叶绿素提取液 2 mL。第 1 支试管作为对照。第 2 支试管另加 1 滴稀盐酸，摇匀，观察溶液颜色变化。第 2 支试管内的溶液变褐色后，再加入少量乙酸铜粉末，微微加热，与对照试管比较，观察并记录溶液颜色变化。

4. 皂化作用

取叶绿素提取液 2 mL 于试管中，加入 4 mL 乙醚，摇匀，再沿试管壁缓慢加入 3 ~ 6 mL 蒸馏水，混匀后静置，溶液即分为两层，叶绿素已全部转入上层乙醚中。用滴管吸取上层绿色溶液，放入另一试管中，再用蒸馏水冲洗 1 或 2 次。在叶绿素乙醚溶液中加入质量分数为 30% 的氢氧化钾甲醇溶液，充分摇匀，再加入蒸馏水约 3 mL，摇匀静置。可以看到溶液逐渐分为两层：下层是水溶液，其中溶有皂化的叶绿素；上层是乙醚溶液，其中溶有黄色的类胡萝卜素。将上、下层分别放入两试管中，观察其吸收光谱。

5. 叶绿体色素吸收光谱曲线

将皂化实验中得到的两种提取液，分别转移至两个光径 1 cm 的比色杯中，以体积分数为 95% 的乙醇溶液作为空白，用分光光度计测定上述两种提取液在 400 nm ~ 700 nm 范围内的吸光值，每间隔 10 nm 测定一次。根据测定结果，以波长为横坐标，以吸光值为纵坐标绘制叶绿素和类胡萝卜素的吸收光谱曲线。

四、注意事项

① 皂化反应如反应温度过低，叶绿素溶液容易发生乳化而出现白色絮状物，溶液混浊、不易分层。可剧烈摇匀后，放置于35℃的水浴中加热，絮状物会很快消失，溶液恢复清澈，重新分层。

② 提取过程中涉及的多种有机溶剂易挥发，注意操作规范，小心防护。

五、思考题

提取叶绿素时，有时会在研磨过程中加入硫酸镁，试分析其作用。

实 验2-5

叶绿素含量的测定

一、实验目的与原理

1. 目的

了解叶绿素特性并掌握叶绿素含量测定的基本方法。

2. 原理

高等植物体内叶绿素主要有叶绿素a和叶绿素b两种。海藻体内主要含有叶绿素a。海藻种类不同，所含其他叶绿素的种类存在差异。例如：褐藻中含有叶绿素c，绿藻中含有叶绿素b。叶绿素不溶于水，能溶于乙醇、丙酮、乙醚、石油醚等有机溶剂，可借助上述试剂对组织中的叶绿素进行提取。利用分光光度计在某一特定波长下测定其光密度，即可用公式计算出提取液中各种叶绿素的含量。

根据朗伯-比尔定律，有色溶液的光密度（OD值或D值）与液层厚度（L）和溶液浓度（C）成正比，即：

$$D=kCL \tag{2-5-1}$$

若用内径为1 cm的比色杯测定溶液的光密度，则

$$D=kC \tag{2-5-2}$$

D代表光密度，也称作吸光值。

k为该物质的比吸收系数。某种物质在特定溶剂中、一定波长下的比吸收系数是一定的，可通过如下方法进行测定：称取一定量的某一纯物质，配制成1 g/L的溶液，用内径为1 cm的比色杯，测得最大吸收处的吸光值就是该

溶液的比吸收系数k的值，单位是mL/（g/cm）。

　　已知某溶液在特定波长下的比吸光系数和它的吸光值，根据上述公式可以计算出该溶液的浓度。溶液吸光值具有加和性的特点，即溶液中含有多种物质且均可吸收特定波长的光，则该溶液在此波长下的吸光值为所含多种物质吸光值的总和。以高等植物叶片或绿藻为例，测定叶绿体色素混合提取液中叶绿素a、叶绿素b的含量，可以通过测定该提取液在特定波长下的吸光值D，并根据叶绿素a、叶绿素b在该波长下的比吸收系数k计算，求出其浓度。已知叶绿素a、叶绿素b的80%（体积分数）丙酮溶液提取液在波长为663 nm和645 nm处具有最大吸收峰值；在波长663 nm下，叶绿素a、叶绿素b的比吸收系数k分别为82.04和9.27；在波长645 nm下，叶绿素a、叶绿素b的比吸收系数k分别为16.75和45.60。因此，叶绿素a和叶绿素b的混合溶液中测得的吸光值应为：

$$D_{663}=82.04\,C_a+9.27\,C_b \tag{2-5-3}$$
$$D_{645}=16.75\,C_a+45.60\,C_b \tag{2-5-4}$$

式（2-5-3）和式（2-5-4）中D_{663}和D_{645}分别为叶绿素提取液在波长663 nm和645 nm时的吸光值，C_a、C_b分别为叶绿素a和叶绿素b的浓度，以mg/L为单位。通过公式推导计算可得：

$$C_a=12.72\,D_{663}-2.59\,D_{645} \tag{2-5-5}$$
$$C_b=22.88\,D_{645}-4.67\,D_{663} \tag{2-5-6}$$

将C_a与C_b相加即得叶绿素总浓度（C_t）：

$$C_t=C_a+C_b=20.29D_{645}+8.05\,D_{663} \tag{2-5-7}$$

植物叶片中叶绿素的含量可由下列公式计算：

$$叶绿素a含量（mg/g）=C_a\times V/W \tag{2-5-8}$$
$$叶绿素b含量（mg/g）=C_b\times V/W \tag{2-5-9}$$
$$叶绿素总量（mg/g）=C_t\times V/W \tag{2-5-10}$$

　　在652 nm波长处，叶绿素a、叶绿素b的吸收峰相交，两者的比吸收系数均为34.5。因此，叶绿素总量C_t也可以根据此波长下测量得到的吸光值D_{652}

计算获得，单位为 mg/L。

$$C_t = (D_{652}/34.5) \times 1\,000 \qquad (2\text{--}5\text{--}11)$$

$$\text{叶绿素总量（mg/g）} = \frac{D_{652}}{34.5} \times \frac{V}{W} \times 1\,000 \qquad (2\text{--}5\text{--}12)$$

式中：V 为提取液体积（L）；W 为材料鲜重（g）。

叶绿素在不同溶剂中的吸收光谱存在差异，当使用其他溶剂进行叶绿素提取时，计算公式存在差异。以体积分数为 95% 的乙醇溶液为提取液时，叶绿素 a 和叶绿素 b 的最大吸收峰分别位于波长 665 nm 和 649 nm 处。将其相应的比吸收系数 k 代入公式，进行推导，可以得出下列计算公式：

$$C_a = 13.95\,D_{665} - 6.88\,D_{649} \qquad (2\text{--}5\text{--}13)$$

$$C_b = 24.96\,D_{649} - 7.32\,D_{665} \qquad (2\text{--}5\text{--}14)$$

二、实验用品

植物叶片或含有叶绿素 a、叶绿素 b 的植物组织。可以选择表观颜色差异明显的实验材料进行对比，如同种植物的绿色叶片与黄色叶片等。

分光光度计，电子天平，研钵，剪刀，棕色容量瓶，滤纸，小漏斗，吸水纸，烧杯，比色皿，滴管。

体积分数为 80% 的丙酮溶液（或体积分数为 95% 的乙醇溶液），石英砂，碳酸钙。

三、实验内容

1. 研磨提取法

① 取新鲜组织，洗净、擦干，叶片须去掉中脉，剪碎混匀。

② 称取剪碎的新鲜样品 0.2 g，放入研钵中，加入少量石英砂或碳酸钙、2～3 mL 体积分数为 80% 的丙酮溶液，迅速研磨匀浆。未研碎的组织可再次加入 1～2 mL 体积分数为 80% 的丙酮溶液继续研磨，直至残渣不显绿色为止。避光静置 3～5 min。

③ 用滤纸、漏斗过滤提取液至 25 mL 棕色容量瓶中。使用少量体积分数为 80% 的丙酮溶液冲洗研钵、研棒及残渣数次，洗液同样过滤至棕色容量瓶中。滤纸及残渣需用体积分数为 80% 的丙酮溶液多次冲洗至无绿色为止，确保叶绿素全部洗入容量瓶中，最后用体积分数为 80% 的丙酮溶液定容至 25 mL。

④ 把叶绿素提取液摇匀后倒入比色杯中（厚度为 1 cm），以体积分数为 80% 的丙酮溶液为对照，用分光光度计分别在波长 645 nm 和 663 nm 下测定吸光值。将测得的吸光值代入前文公式，求得叶绿素a、叶绿素b和总叶绿素的浓度，再计算得到叶绿素a、叶绿素b和总叶绿素的含量。也可以用 652 nm 波长下的吸光值计算总叶绿素的浓度和总叶绿素的含量。

2. 浸提法

① 取植物的新鲜组织，洗净、擦干，叶片须去掉中脉，剪碎混匀。

② 称取 3 份剪碎的新鲜样品，每份 0.2 g，分别放入 3 个 50 mL 的锥形瓶中。向锥形瓶中加入 20 mL 体积分数为 80% 的丙酮溶液，确保样品完全浸没。密封瓶口后，将锥形瓶置于 4℃ 条件下，避光静置 6 ~ 12 h，至组织碎屑呈现白色，溶液呈现绿色即可。

③ 将浸提液转移至 25 mL 容量瓶中，定容至 25 mL，获得叶绿素提取液。

④ 干燥或冷冻样品也可采用上述方法进行叶绿素的提取。

⑤ 叶绿素含量的测定同研磨提取法。

四、注意事项

① 为了避免叶绿素的光分解，操作时应在弱光下进行，研磨时间应尽量短。

② 叶绿素提取液如混浊，可在 710 nm 或 750 nm 波长下测定吸光值，其应小于当波长为叶绿素a吸收峰时吸光值的 5%，否则应重新过滤。

③ 在分光光度计法测定叶绿素含量的实验中，选择的吸收峰波长差别较小，因此对于分光光度计的波长精确度要求较高。等级较低的分光光度计不能满足实验需要，应选用较高级型号的仪器。必要时，建议用滤光片对仪器

实验波长进行验证，也可以选用叶绿素a或叶绿素b的商品试剂进行验证，以确保实验结果的准确性。

五、思考题

① 叶绿素a和叶绿素b在红光区和蓝紫光区均有较大吸收峰，是否可以选用蓝紫光进行叶绿素含量的测定？为什么？

② 以往实验结果显示，从新鲜材料中提取叶绿素时可以使用无水丙酮，但从干材料中提取则须使用体积分数为80%的丙酮溶液才可获得较好的效果。试分析原因。

③ 试分析不同光照条件对植物体内叶绿素含量的影响。

实验2-6

植物组织可溶性糖含量的测定

一、实验目的与原理

1. 目的

掌握测定植物组织中可溶性糖含量的方法。

2. 原理

植物体内的可溶性糖（还原性糖和非还原性糖）在浓硫酸的作用下可以生成糠醛，糠醛可与蒽酮、苯酚等试剂进一步发生显色反应。因此，可利用比色法进行可溶性糖的定量测定。

① 糠醛可与蒽酮反应生成蓝绿色的糠醛衍生物，该衍生物在 625 nm 波长处具有最大吸收峰，其颜色深浅与可溶性糖含量的高低正相关。该方法操作简便，但反应的专一性不强，绝大部分碳水化合物均能与蒽酮试剂发生上述显色反应。

② 糠醛可与苯酚发生缩合反应生成橙黄色化合物，该化合物在 485 nm 波长处具有最大吸收峰，其颜色深浅与可溶性糖含量（在 10 ～ 100 mg 范围内）的高低成正比。该方法可应用于甲基化的糖、戊糖和多聚糖的含量测定，具有操作简便、反应灵敏的特点，且颜色稳定性好，可保持 160 min 以上。

二、实验用品

植物组织。可选择同一植株上靠近植株基部的老叶与植株的嫩芽作为对比材料。

分光光度计，天平，水浴锅，烘箱，离心机或漏斗，具塞刻度试管，容量瓶，移液管，等等。

0.1 g/L 标准葡萄糖溶液：称取烘干至恒重的葡萄糖 0.1 g，用体积分数为 80% 的乙醇溶液溶解后定容至 1 L。

蒽酮试剂：0.1 g 蒽酮溶解于 100 mL 硫酸溶液（将 76 mL 相对密度为 1.84 的浓硫酸用蒸馏水稀释到 100 mL），贮于棕色瓶中，当日配制当日使用。

质量分数为 90% 的苯酚溶液：称取 90 g 苯酚，加蒸馏水 10 mL 溶解，室温下可保存数月。

质量分数为 9% 的苯酚溶液：量取 5 mL 90% 苯酚溶液，加蒸馏水定容至 50 mL，不可长久保存，现配现用。

100 μg/L 标准葡萄糖溶液：取 0.1 g/L 标准葡萄糖溶液 1 mL，加入蒸馏水定容至 1 L。

活性炭。

三、实验内容

1. 蒽酮-硫酸比色法

（1）标准曲线的制作

取具塞试管 7 支，编号后按表 2-6-1 添加试剂，配制成系列浓度的葡萄糖标准溶液，立即摇匀后盖上塞子，沸水中煮沸 10 min，之后用水冷却至室温。在 625 nm 波长下，以 0 号试管中溶液调零，分别测定其他各试管中溶液的吸光值。以标准葡萄糖含量（μg）为横坐标，以吸光值为纵坐标，绘制标准曲线，计算标准直线方程。

表 2-6-1　用于标准曲线制作的试剂配制表

试剂	试管编号						
	0	1	2	3	4	5	6
标准葡萄糖溶液/mL	0	0.1	0.2	0.4	0.6	0.8	1.0

试剂	试管编号						
	0	1	2	3	4	5	6
蒸馏水 / mL	1.0	0.9	0.8	0.6	0.4	0.2	0
蒽酮试剂 / mL	5	5	5	5	5	5	5

（2）样品提取

将植物组织置于烘箱内 110℃ 烘干 30 min，后转至 70℃ 烘干过夜。将烘干后的样品粉碎，准确称取 50 ~ 100 mg，放入具塞离心管中，加体积分数为 80% 的乙醇溶液 10 ~ 15 mL，沸水浴加热 30 min，其间注意搅拌混匀。离心后收集上清液，其残渣再加体积分数为 80% 的乙醇溶液 5 ~ 10 mL 重复提取 2 次，合并上清液。向提取液中加入 10 mg 活性炭，于 80℃ 下脱色 30 min，过滤后用体积分数为 80% 的乙醇溶液定容至 50 mL。

（3）样品测定

吸取 1 mL 提取液于大试管中，加入 5 mL 蒽酮试剂，摇匀，沸水中煮沸 10 min，之后用水冷却至室温。在 625 nm 处以 0 号试管中溶液调零，比色，记录提取液吸光值，根据标准曲线查出提取液中的可溶性糖含量。

（4）结果计算

$$可溶性糖含量（\%）= \frac{m \times V_1}{V_2 \times W \times 1\,000} \times 100\% \qquad （2-6-1）$$

式中：m 为从标准曲线上查得的标准葡萄糖含量，单位为 μg；V_1 为样品提取液总体积，单位为 mL；V_2 为用于测定的样品液体积，单位为 mL；W 为样品质量，单位为 mg。

2. 苯酚-硫酸比色法

（1）标准曲线的制作

取具塞试管 6 支，编号后按表 2-6-2 添加标准葡萄糖溶液和水，然后按照序号顺序依次加入 1 mL 质量分数为 9% 的苯酚溶液，混匀后小心加入 5 mL 浓硫酸，再次混匀，室温下静置 30 min，充分显色。在 485 nm 波长下，以 0

号试管中溶液调零，分别测定其他各试管中溶液的吸光值。以标准葡萄糖含量（μg）为横坐标，以吸光值为纵坐标，绘制标准曲线，计算标准直线方程。

表 2-6-2　用于标准曲线制作的试剂配制表

试剂	试管编号					
	0	1	2	3	4	5
100 μg/L 标准葡萄糖溶液 /mL	0	0.2	0.4	0.6	0.8	1.0
蒸馏水 /mL	2.0	1.8	1.6	1.4	1.2	1.0
质量分数为 9% 的苯酚溶液 /mL	1	1	1	1	1	1
浓硫酸 /mL	5	5	5	5	5	5

（2）样品提取

取 0.1 ~ 0.3 g 植物组织，剪碎后放入试管中，加入 5 ~ 10 mL 蒸馏水，用保鲜膜封口后沸水浴加热 30 min。转移提取液至 50 mL 容量瓶中，残渣加入 5 ~ 10 mL 蒸馏水再次提取。合并两次的提取液，并冲洗试管及残渣，加蒸馏水定容至 50 mL。

（3）样品测定

吸取 0.5 mL 提取液于试管中，加入 1.5 mL 蒸馏水，1 mL 质量分数为 9% 的苯酚溶液和 5 mL 浓硫酸，在 485 nm 波长下，以 0 号试管中溶液调零，测定提取液的吸光值。根据标准曲线查出提取液中的可溶性糖含量。

（4）结果计算

计算方法与蒽酮-硫酸比色法相同。

四、注意事项

① 蒽酮试剂与糖反应的显色程度随时间推移发生变化，应确保比色前操作时长的一致性，尽快完成比色测定。

② 两种方法的灵敏度均较高，应确保实验器皿清洗干净。

五、思考题

① 应用蒽酮–硫酸比色法和苯酚–硫酸比色法测得的糖都包括哪些类型？

② 选择体积分数为80%的乙醇溶液进行可溶性糖含量测定的原因是什么？

③ 还有哪些方法可以进行糖类的测定？试比较各种方法的优缺点。

实 验 2-7

植物组织可溶性蛋白质含量的测定

一、实验目的与原理

1. 目的

掌握测定植物组织中可溶性蛋白质含量的考马斯亮蓝染色法和Folin-酚试剂法。

2. 原理

蛋白质是植物体内重要的大分子物质。在研究植物的营养、代谢以及生长发育等生理过程时，经常需要测定样品中的蛋白质含量。

考马斯亮蓝（G-250）是一种可以与蛋白质结合的染料，主要与蛋白质中的碱性氨基酸和芳香族氨基酸结合。游离态的考马斯亮蓝为红色，在弱酸性溶液中与蛋白质结合后变为蓝色。此蓝色溶液在 595 nm 波长具有最大吸收峰，可以稳定 1 h 以上。溶液蓝色的深浅与溶液中蛋白质含量（1 ~ 1 000 μg）正相关。可利用该特性进行蛋白质的定量。

在碱性溶液中，蛋白质与铜盐发生双缩脲反应生成蓝色复合物，同时蛋白质中的酪氨酸和色氨酸还能与磷钼酸-磷钨酸试剂作用形成深蓝色的钼蓝和钨蓝混合物，呈色深浅与蛋白质的含量成正比。因此，蛋白质含量可用比色法测定。该方法简便，灵敏度高，常为实验室所采用。

二、考马斯亮蓝（G-250）染色法

1. 实验用品

植物组织。可选择同一植株上来自不同组织部位的材料进行含量对比。

分光光度计，冷冻离心机，移液管，具塞试管，电子天平，研钵，容量瓶，等等。

0.1 mol/L磷酸缓冲液（pH 7.0）：分别量取 0.2 mol/L磷酸氢二钠溶液 61.0 mL 和 0.2 mol/L磷酸二氢钠溶液 39.0 mL，充分混匀后用蒸馏水稀释至 200 mL。

100 μg/mL 标准蛋白溶液：10 mg 牛血清蛋白，溶解于质量分数为 0.9%的氯化钠溶液中，定容至 100 mL。

100 mg/L 考马斯亮蓝（G-250）试剂：将 100 mg 考马斯亮蓝（G-250）溶于 50 mL 体积分数为 90%的乙醇溶液中，加入 100 mL 体积分数为 85%的磷酸溶液，再加入蒸馏水定容至 1 L，保存于棕色试剂瓶中，备用。常温下可储存 1 个月。

石英砂。

2. 实验内容

（1）标准曲线的制作

取试管 7 支，编号后按表 2-7-1 添加试剂，盖上塞子后摇匀，放置 5 min 后，测定在 595 nm 波长处的吸光值。以标准蛋白含量为横坐标，以吸光值为纵坐标，绘制标准曲线。

表 2-7-1　用于标准曲线制作的试剂配制表

试剂	试管编号						
	0	1	2	3	4	5	6
标准蛋白溶液 /mL	0	0.1	0.2	0.4	0.6	0.8	1.0
蒸馏水 /mL	1.0	0.9	0.8	0.6	0.4	0.2	0
考马斯亮蓝（G-250）试剂 /mL	5	5	5	5	5	5	5

（2）样品提取

称取植物组织 0.5 g，剪碎，置于预冷的研钵中，分次加入总体积 5 mL、预冷的 0.1 mol/L 磷酸缓冲液（pH 7.0）和少量石英砂，在冰浴下研磨匀浆，4℃ 条件下 4 000 r/min 离心 10 min，所得上清液即为样品提取液。

（3）样品测定

吸取样品提取液 0.1～0.5 mL，按上述方法与考马斯亮蓝（G-250）试剂 反应，测得溶液在 595 nm 处的吸光值，根据标准曲线查出相应的蛋白质含量。

（4）结果计算

$$可溶性蛋白质含量（\%） = \frac{m \times V_1}{V_2 \times W \times 10^6} \times 100\% \qquad (2-7-1)$$

式中：m 为从标准曲线上查得的蛋白质含量，单位为 μg；V_1 为样品提取液总体积，单位为 mL；V_2 为用于测定的提取液体积，单位为 mL；W 为样品质量，单位为 g。

三、Folin-酚试剂法

1. 实验用品

植物组织。可选择同一植株上来自不同组织部位的材料进行含量对比。

分光光度计，恒温水浴锅，移液管，具塞试管，电子天平，研钵，容量瓶，烧杯，磨口圆底烧瓶，等等。

100 μg/mL 标准蛋白溶液（配制方法同考马斯亮蓝法）。

Folin-酚试剂 A：1 g 碳酸钠溶于 50 mL 0.1 mol/L 的氢氧化钠（4 g/L）溶 液；另将 0.5 g 五水硫酸铜溶于 100 mL 的质量分数为 1% 的酒石酸钾（或酒石 酸钠）溶液。使用前，将前者和后者按 50 : 1 的比例进行混合即可。当天配 制当天使用，过期失效。

Folin-酚试剂 B：将 100 g 二水钨酸钠和 25 g 二水钼酸钠、700 mL 蒸馏水、50 mL 体积分数为 85% 的磷酸溶液及 100 mL 浓盐酸置于 1 500 mL 磨口圆底烧瓶 中，充分混匀后，接上磨口冷凝管，以小火回流 10 h。回流完毕，加入 150 g 硫酸锂、50 mL 蒸馏水及数滴液体溴，在通风橱内开口继续沸腾 15 min，以便除去过量的溴。冷却后，用蒸馏水稀释至 1 L，过滤，将得到的微绿色滤液置于棕色试剂瓶中保存。使用时需标定试剂的酸度：用标准氢氧化钠溶液（1 mol/L）滴定，以酚酞为指示剂，滴定至溶液颜色由红色变为紫红色、紫灰色再突然变成墨绿色时止。根据滴定结果，添加适量蒸馏水，将试剂稀释至相当于 1 mol/L 的一元酸，即为试剂 B 的工作液。

2. 实验内容

（1）标准曲线绘制

取 6 支干净试管，编号后按表 2-7-2 依次添加不同体积的标准蛋白溶液 0.6 mL，再分别加入 5 mL Folin-酚试剂 A，摇匀，置于 25℃水浴中保温 10 min，再加入 0.5 mL Folin-酚试剂 B，立即混匀，于 25℃水浴保温 30 min。之后以含蒸馏水和Folin-酚试剂的 0 号试管作为空白对照，于 500 nm 波长处比色（若蛋白质含量为 5 ~ 25 μg，则波长用 750 nm；在 25 μg 以上，则波长用 500 nm）。以标准蛋白含量为横坐标，以吸光值为纵坐标，绘制标准曲线。

表 2-7-2　用于标准曲线制作的试剂配制表

试剂	试管编号					
	0	1	2	3	4	5
标准蛋白溶液 /mL	0	0.5	1.0	1.5	2.0	2.5
蒸馏水 /mL	2.5	2.0	1.5	1.0	0.5	0
Folin-酚试剂 A/mL	5	5	5	5	5	5
Folin-酚试剂 B/mL	0.5	0.5	0.5	0.5	0.5	0.5

（2）样品提取

样品提取液获得方法同考马斯亮蓝法。

（3）样品测定

准确吸取样品液 1.0 mL 于试管内，加入 5 mL Folin--酚试剂 A，摇匀，于 25℃水浴中保温 10 min，加入 0.5 mL Folin-酚试剂 B，立即混匀，于 25℃水浴中保温 30 min，之后于 500 nm 波长处比色。对照标准曲线求出样品液的蛋白质含量或根据标准直线方程计算蛋白质的含量。

（4）结果计算

$$可溶性蛋白质含量（\%）= \frac{m \times V_1}{V_2 \times W \times 10^6} \times 100\% \qquad （2-7-2）$$

式中：m 为从标准曲线上查得的蛋白质含量，单位为 μg；V_1 为样品提取液总体积，单位为 mL；V_2 为用于测定的提取液体积，单位为 mL；W 为样品质量，单位为 g。

四、注意事项

① 考马斯亮蓝法中，试剂背景值因与蛋白质结合的染料增加而不断降低，因此当蛋白质浓度较大时，标准曲线会稍有弯曲，但弯曲程度不大，不会影响测量。

② Folin-酚试剂法所用的试剂由两部分组成：试剂 A 相当于双缩脲试剂，可与蛋白质中的肽键起显色反应；试剂 B 在碱性条件下极不稳定，容易被铜-蛋白质复合物还原成钼蓝和钨蓝。而还原反应在 pH 10 的条件下发生，因此，在测定时加 Folin-酚试剂要特别小心。故当 Folin-酚试剂 B 加到碱性的铜-蛋白质溶液中时，必须立即混匀，以便磷钼酸-磷钨酸试剂在被破坏之前，能有效地被铜-蛋白质结合物所还原。

五、思考题

① 分析用考马斯亮蓝染色法测定可溶性蛋白质含量的优缺点。

② 有哪些因素会干扰 Folin-酚试剂法测定蛋白质含量？

实验2-8

植物组织吲哚乙酸（IAA）含量的测定

一、实验目的与原理

1. 目的

学习并掌握吲哚乙酸（IAA）提取的方法以及用高效液相色谱（HPLC）法测定IAA含量。

2. 原理

植物样品中的生长素IAA溶于含水的有机溶剂。在40℃以下减压蒸去有机溶剂后，IAA溶于水中。IAA是酸性化合物。在酸性条件下，可以用乙酸乙酯萃取IAA。将乙酸乙酯减压蒸干后，用甲醇溶解残留物（含IAA）。甲醇溶液中IAA和其他物质由于在液相色谱的流动相和固定相的分配系数不同，出峰时间不同。根据这个原理通过HPLC法可测定植物组织中IAA含量。

二、实验用品

于同一植株上采集不同部位的组织：嫩芽、基部叶片和根尖。

高速冷冻离心机，旋转蒸发仪，超低温冰箱，研钵，分液漏斗，烧杯，试管，纱布，Sep-Pak C18 纯化小柱，高效液相色谱仪，注射器，0.45 μm微孔滤膜，20 μL进样器。

重蒸水，甲醇（色谱级），液氮，2, 6-二叔丁基对甲酚（BTH），石英砂，聚乙烯吡咯烷酮（PVP），三氯甲烷，乙醚，乙酸乙酯，盐酸。

三、实验内容

1. 提取生长素

每个部位取 2 份组织材料，每份 2 g，用液氮冰冻后放入超低温冰箱（－80℃）保存。一份材料用 10 mL 预冷无水甲醇、100 mg BTH、少许石英砂和 PVP 快速研磨至匀浆，4℃下浸提过夜。另一份材料中加入 IAA 标样100 ng，其余操作同不加标样材料。用 4 层纱布过滤，滤液转到离心管中，滤渣用 5 mL 体积分数为 80% 的甲醇溶液浸提，合并滤液。

滤液以 1 000 r/min 的转速在 4℃的条件下离心 20 min，取上清液。沉淀用 5 mL 80% 的甲醇溶液洗一次，离心。合并上清液。在 40℃、暗条件下，用旋转蒸发仪除去甲醇，得水相。用等体积的三氯甲烷萃取 3 次，去除色素。

2. IAA 纯化

用 3 mL 无水甲醇洗 Sep-Pak C18 纯化柱，弃去流出液；使体积分数为70% 的甲醇溶液缓慢流经小柱，弃去流出液。使 5 mL IAA 浸提液缓慢流经小柱，收集流出液。分别用 5 mL 无水甲醇和体积分数为 70% 的甲醇溶液洗柱，弃去流出液。用 1 mol/L 盐酸调节收集的 IAA 样液的 pH 至 2.8，加入等体积的乙酸乙酯，混匀。采用分液漏斗萃取 3 次，合并乙酸乙酯相。用旋转蒸发仪除去乙酸乙酯，残留物用 0.5 mL 无水甲醇溶解。

3. IAA 含量测定

HPLC 法测定：ODS C18 反相柱，洗脱液为甲醇和重蒸水，流速 0.8 mL/min。梯度洗脱 0 ~ 4 min，重蒸水体积分数为 100%；第 4 ~ 6 min，甲醇体积分数为 40%；第 10 ~ 13 min，甲醇体积分数为 60%；第 20 ~ 25 min，甲醇体积分数变为 80%；第 30 ~ 40 min，甲醇体积分数变为 100%。IAA 样液用 0.45 μm微孔滤膜过滤，进样量为 20 μL，检测波长为 254 nm。

标准曲线的制作：用甲醇配制 1 ng/L、10 ng/L、20 ng/L、100 ng/L、200 ng/L 和 1 000 ng/L 的 IAA 系列溶液，分别进样 20 μL，记录保留时间。以 IAA 的含量为横坐标，峰面积为纵坐标做图，计算出直线方程和相关系数。

回收率计算：回收率=［（加标样样品的IAA量－不加标样样品的IAA量）/所加标样量］×100%。

根据标准曲线及回收率，计算出植物材料中IAA的含量。用Excel绘制图，并分析结果。

四、注意事项

萃取过程中要注意分层效果，尽量不要丢失所要的成分，又要将杂质去除干净。

五、思考题

HPLC法测定IAA含量的优点是什么？在测定过程中应注意什么？

实 验 2-9

藻类光合放氧和呼吸耗氧速率的测定

一、实验目的与原理

1. 目的

掌握使用液相氧电极进行大型海藻光合放氧和呼吸耗氧速率测定的方法。

2. 原理

植物光合作用产生氧气，呼吸作用消耗氧气。在光照条件下，光合作用和呼吸作用同时进行。在黑暗条件下只进行呼吸作用。水体中氧浓度的变化可以反映出藻类光合作用和呼吸作用的速率变化。

氧电极是一种用于测定水中溶解氧含量的极谱电极。目前通用的是薄膜氧电极，又称Clark电极，由镶嵌在绝缘材料上的银丝（正极）和铂丝（负极）构成，电极表面被厚度为 20 ~ 25 μm 的聚乙烯薄膜覆盖，电极和薄膜之间有氯化钾溶液作为盐桥连通电流回路。由于聚乙烯薄膜只允许氧自由扩散而电解质不能透过，待测溶液中其他离子不会对电极反应造成干扰。这种电极可以专一地测定溶解氧的变化。当在两极外加极化电压时，透过薄膜进入氯化钾溶液的溶解氧便在负极表面发生还原反应：$O_2+2H_2O+4e^-=4OH^-$；在正极则发生银的氧化反应：$4Ag+4Cl^-=4AgCl+4e^-$；此时电极间产生电解电流。由于反应的速度极快，负极表面氧的浓度很快降低，溶液主体中的氧便向负极扩散，使还原过程继续进行。氧在水中的扩散速率相对较慢，所以电极电流的大小受氧的扩散速率的限制，这种电极电流又称扩散电流。在溶液静止、温度恒定的情况下，扩散电流受溶液主体与电极表面氧的浓度差控制。随着外加电压的加大，电极表面氧的浓度必然降低，溶液主体与电极表面氧的浓度差加大，扩散电流也随之加大。但当外加的极化电压达到一定值时，阴极表面氧的浓度趋近于零，于是扩散电流的大小完全取决于溶液主体中氧的浓度。此时再增加极化电压，扩散电流基本不再增加，使极谱波（电流－电压曲线）产生一个平顶。将极化电压选定在平顶的中部，可以使扩散电流的大小基本不受电压微小波动的影响。因此，在极化电压及温度恒定的条件下，扩散电流的大小即可作为溶解氧定量测定的基础。电极间产生的扩散电流信号可通过电极控制器的电路转换成电压输出，用自动记录仪进行记录。

二、实验用品

海藻组织。

氧电极，循环水浴锅，光量子计，卤钨灯，反应杯。

灭菌、过滤处理的海水，氮气。

三、实验内容

① 将材料在饱和光照度下处理 30 ~ 60 min，使材料处于稳定状态。

② 通过调节光源与反应杯的距离而获得 6 个不同水平的光量子数，分别为 0、20 μmol/（m^2·s）、40 μmol/（m^2·s）、80 μmol/（m^2·s）、150 μmol/（m^2·s）、300 μmol/（m^2·s）、500 μmol/（m^2·s），获得藻体的光合作用－光量子数响应曲线（P–I曲线）。在光量子数为 0 时测定的数据，即为呼吸速率。

③ 选取藻体约 0.1 g（鲜重），在反应杯中加入灭菌过滤海水 10 mL。通入纯氮气 30 min 后，打开光源开始记录放氧速率，并且在测定过程中不断搅拌灭菌过滤海水。每次测定时间为 30 min 左右；每个光量子数测定 3 组平行样。

④ 记录各组数据，并通过以下公式拟合得出藻体的 P–I 曲线：

$$P_n = P_{max} \times \tan h\,(\,\alpha \times I/P_{max}\,) + R_d \qquad (2\text{–}9\text{–}1)$$

式中：P_n 为净光合作用速率；I 为光量子数；P_{max} 为最大光合作用速率；R_d 为

呼吸作用速率；α为光合作用在光限制部分的初始斜率。

⑤ 光饱和点I_k通过公式$I_k=P_{max}/\alpha$计算。

四、思考题

影响藻类光合作用和呼吸作用的因素有哪些？本实验操作中需要注意哪些问题？

实验2-10

植物组织超氧化物歧化酶（SOD）活性的测定

一、实验目的与原理

1. 目的

掌握测定超氧化物歧化酶（SOD）活性的氯化硝基四氮唑蓝（NBT）光化还原法。

2. 原理

植物在逆境胁迫或衰老过程中，细胞内自由基代谢平衡被破坏而有利于自由基的产生。SOD能通过歧化反应清除细胞生理生化反应中产生的超氧阴离子自由基（$O_2^-\cdot$），生成过氧化氢和氧气。过氧化氢由过氧化氢酶（CAT）催化生成水和氧气。因此，自由基对有机体的毒害降低。反应方程式如下：

$$2O_2^- \cdot + 2H^+ \xrightarrow{\text{SOD}} H_2O_2 + O_2$$

$$2H_2O_2 \xrightarrow{\text{CAT}} 2H_2O + O_2$$

由于超氧阴离子自由基不稳定，寿命极短，SOD活性一般用间接方法，并通过各种呈色反应来测定。核黄素在有氧条件下能产生超氧阴离子自由基。加入NBT，其在光照条件下可与超氧阴离子反应生成单甲朥（黄色），继而还原生成二甲朥。二甲朥是一种蓝色物质，在560 nm波长下有最大吸收峰。SOD可以使超氧阴离子自由基与氢离子结合生成过氧化氢和氧气，从而抑制NBT光还原的进行，使蓝色二甲朥生成速度减慢。在反应液中加入不同量的SOD溶液，光照一定时间后测定560 nm波长下各反应液吸光值。抑制NBT光还原相对百分率与酶活性在一定范围内成正比。以酶液加入量为横坐标，以抑制NBT光还原相对百分率为纵坐标，可绘制出二者的相关曲线，进而根据抑制NBT光还原相对百分率计算SOD活性。以抑制NBT光还原相对百分率为50%时的SOD量作为一个酶活力单位（U）。

二、实验用品

植物叶片组织或海藻组织。

分光光度计，分析天平，高速冷冻离心机，冰箱，光照培养箱，研钵，离心管，试管，移液管或加样器，容量瓶，细口瓶，等等。

0.1 mol/L磷酸缓冲液（pH 7.8）：将 0.2 mol/L磷酸氢二钠溶液 91.3 mL 和 0.2 mol/L磷酸二氢钠溶液 8.5 mL 充分混匀，用蒸馏水稀释至 200 mL，4℃冰箱中保存备用。

0.05 mol/L磷酸缓冲液（pH 7.8）：将 0.2 mol/L磷酸氢二钠溶液 91.3 mL 和 0.2 mol/L磷酸二氢钠溶液 8.5 mL 充分混匀，用蒸馏水稀释至 400 mL，4℃冰箱中保存备用。

0.026 mol/L甲硫氨酸（Met）磷酸缓冲液：将 0.387 9 g L-蛋氨酸用少量 0.1 mol/L的磷酸缓冲液（pH 7.8）溶解后，移入 100 mL容量瓶中并用蒸馏水定容至刻度线，4℃冰箱中保存可用 1 ~ 2 天。

7.5×10^{-4} mol/L NBT 溶液：将 0.153 3 g NBT用少量蒸馏水溶解后，移入 250 mL 容量瓶中并用蒸馏水定容至刻度线，4℃冰箱中保存可用 2 ~ 3 d。

含 1.0×10^{-6} mol/L EDTA 的 2×10^{-5} mol/L核黄素溶液：将 0.002 92 g EDTA 溶于少量蒸馏水，获得溶液A；将 0.075 3 g核黄素溶于少量蒸馏水，获得溶液B。合并溶液A、溶液B，移入 100 mL 容量瓶中并用蒸馏水定容至刻度线，获得溶液C，4℃冰箱中保存，可用 8 ~ 10 d。使用时将溶液C稀释 100 倍，即为含 1.0×10^{-6} mol/L EDTA 的 2×10^{-5} mol/L核黄素溶液。

石英砂。

三、实验内容

1. 酶液的制备

每克组织加入 3 mL 0.05 mol/L 磷酸钠缓冲液（pH 7.8），加入少量石英砂，冰浴下用研钵研磨成匀浆，移入 5 mL 离心管中，用 0.05 mol/L 磷酸钠缓冲液（pH 7.8）定容至刻度线，于低温（0 ~ 4℃）以 8 500 r/min 的转速离心30 min，上清液即为 SOD 粗提液。

2. 酶活力的测定

每个处理取 8 支玻璃试管编号，按表 2-10-1 加入各试剂及酶液，反应体系总体积为 3 mL。其中 4 ~ 8 号试管中磷酸缓冲液量和酶液量可根据实验材料中酶液浓度及酶活力进行调整。

3. 反应测定

将试剂充分混匀。取 1 号试管置于暗处，作为空白对照。其余 7 支试管均放入光照培养箱内反应 15 min，温度为 25℃，光量子数为 80 μmol/(m² · s)，然后立即遮光终止反应。在 560 nm 波长下以 1 号试管中反应液为空白对照调零，测定各组反应液吸光值并记录于表 2-10-2 中。以 2、3 号试管吸光值的平均值作为抑制 NBT 光还原率 100%。

表 2-10-1 反应体系中各试剂及酶液加入量

试管编号	试剂				酶液 /mL
	甲硫氨酸磷酸缓冲液 /mL	NBT 溶液 /mL	核黄素溶液（含 EDTA）/mL	0.05 mol/L 磷酸缓冲液（pH 7.8）/mL	
1	1.5	0.3	0.3	0.9	0
2	1.5	0.3	0.3	0.9	0
3	1.5	0.3	0.3	0.9	0
4	1.5	0.3	0.3	0.85	0.05
5	1.5	0.3	0.3	0.8	0.1
6	1.5	0.3	0.3	0.75	0.15

续表

试管编号	试剂				酶液/mL
	甲硫氨酸磷酸缓冲液/mL	NBT溶液/mL	核黄素溶液（含EDTA）/mL	0.05 mol/L磷酸缓冲液（pH 7.8）/mL	
7	1.5	0.3	0.3	0.7	0.2
8	1.5	0.3	0.3	0.65	0.25

表 2-10-2　测定数据列表

试管编号	1	2	3	4	5	6	7	8	2、3号平均
酶液/mL	0	0	0	0.05	0.1	0.15	0.2	0.25	
吸光值（560 nm）	0								
抑制率/%	—	100	100						100

4. 计算

（1）相关曲线绘制

根据 4~8 号试管中反应液的吸光值分别计算出不同酶液量的各反应系统中抑制NBT光还原的相对百分率。以酶液加入量为横坐标，以抑制NBT光还原相对百分率为纵坐标，绘制出二者相关曲线。以 50% 抑制率的酶液量（μL）作为一个酶活力单位（U）。

（2）SOD活力计算

SOD活力按式（2-10-1）计算。

$$A=\frac{V \times 1\,000 \times 60}{B \times W \times T} \qquad (2\text{-}10\text{-}1)$$

式中：A为酶活力，单位是U/（g·h）；V为酶提取液总体积，单位是mL；B为一个酶活力单位的酶液量，单位是μL；W为样品鲜重，单位是g；T为反应时间，单位是min。

（3）抑制率计算

抑制率按式（2-10-2）计算。

$$抑制率=\frac{D_1-D_2}{D_1}\times100\% \qquad （2-10-2）$$

式中：D_1 为 2、3 号试管反应液的吸光值的平均值；D_2 为加入酶液的反应液的吸光值。

注：有时因测定样品的数量多，每个样品均按此法测定酶活力工作量大，也可每个样品只测定一个或两个酶液用量的吸光值，按下式计算酶活力。

$$A=\frac{(D_1-D_2)\times V\times1\,000\times60}{D_1\times B\times W\times T\times50\%} \qquad （2-10-3）$$

式中：D_1 为 2、3 号试管反应液的吸光值的平均值；D_2 为加入酶液的反应液的吸光值；50% 指抑制率为 50%；其他各因子含义与式（2-10-1）中相应因子的相同。

四、注意事项

① 富含酚类物质的植物（如茶叶、褐藻）在匀浆时产生大量的多酚类物质，会引起酶蛋白不可逆沉淀，使酶失去活性。因此，在提取此类植物 SOD 时，必须添加多酚类物质的吸附剂，将多酚类物质除去，避免酶变性失活。一般在提取液中加 1%～4%（质量分数）的 PVP。

② 测定时 2～8 号试管反应液的温度和光化反应时间必须严格控制一致，并确保 2～8 号试管所受光量子数相同。

五、思考题

① 为什么 SOD 活性不能直接测得？

② 超氧阴离子自由基为什么会对机体活细胞产生危害？ SOD 如何降低超氧阴离子自由基的毒害？

实 验2-11

植物组织过氧化氢酶（CAT）活性的测定

一、实验目的与原理

1. 目的

掌握紫外吸收法测定过氧化氢酶（CAT）活性的原理和操作。

2. 原理

植物在衰老或者遭受逆境胁迫时，体内活性氧代谢加强因而累积过氧化氢，从而使细胞遭受损伤。CAT存在于植物的所有组织中，是植物体内重要的酶促防御系统成分之一，其活性与植物的代谢强度及抗逆性密切相关。CAT能分解过氧化氢，反应过程中过氧化氢的消耗量能够反映出CAT活性。过氧化氢在240 nm波长下有强吸收。在有CAT存在的情况下反应溶液的吸光值（A_{240}）表现出随反应时间延长而降低的现象。根据测量吸光值的变化速率即可测出过氧化氢酶的活性。

二、实验用品

植物叶片或海藻组织。

紫外分光光度计，恒温水浴锅，离心机，研钵，0.5 mL刻度吸管，10 mL试管。

0.1 mol/L过氧化氢溶液：体积分数为30%的过氧化氢溶液浓度大约为17.6 mol/L，取体积分数为30%的过氧化氢溶液5.68 mL，稀释至1 000 mL。

0.2 mol/L磷酸缓冲液（pH 7.8，内含质量分数为1%的PVP）：量取

0.2 mol/L磷酸氢二钠溶液91.5 mL和0.2 mol/L磷酸二氢钠溶液8.5 mL充分混匀后，称取1 g PVP粉末溶解于上述混合液。

三、实验内容

1. 酶液提取

称取植物待测组织1.0 g，加入0.2 mol/L磷酸缓冲液（pH 7.8）少量，冰浴条件下研磨成匀浆，移至10 mL刻度试管中。用该缓冲液冲洗研钵，并将冲洗液转入刻度试管中，用同一缓冲液定容至刻度线。于低温以4 000 r/min（0 ~ 4℃）的转速离心15 min。上清液即为CAT粗提液，4℃保存备用。

2. 测定

取3支10 mL试管编号，其中1、2号为样品测定管，0号为对照管（将酶液煮沸，使其变性失活），按表2-11-1加入试剂和酶液。

表2-11-1 待测液配制表

试剂或酶液	试管编号		
	0	1	2
粗酶液/mL	0.2	0.2	0.2
0.2 mol/L磷酸缓冲液（pH 7.8）/mL	1.5	1.5	1.5
蒸馏水/mL	1.0	1.0	1.0

25℃预热后，逐管加入0.3 mL 0.1 mol/L的过氧化氢溶液。每加完一管立即计时，并迅速倒入石英比色杯中，在240 nm波长下测定吸光值（A_{240}），每隔1 min读数1次，共测4 min。待3支试管全部测定完后，计算酶活性。

3. 计算

设定1 min内A_{240}减少0.1的酶量为一个酶活单位（U）。

$$A = \frac{\Delta A_{240} \times V_{\text{T}}}{0.1 \times V_1 \times t \times W} \qquad (2-11-1)$$

式中：A为CAT活性，单位为U/（g·min）；$\Delta A_{240} = A_0 - (A_1 + A_2)/2$（$A_0$为加

入变性失活酶液的对照管吸光值，A_1、A_2 为两个样品测定管吸光值）；V_T 为酶的粗提液总体积，单位为 mL；V_1 为测定用酶液体积，单位为 mL；W 为样品鲜重，单位为 g；0.1 指 A_{240} 每下降 0.1 为 1 个酶活单位；t 为从加过氧化氢到最后一次读数时间，单位为 min。

四、注意事项

① 凡在 240 nm 波长下有强吸收的物质对本实验都有干扰。

② 反应中过氧化氢分解所产生的气泡会对吸光值结果产生影响。

五、思考题

① 影响 CAT 活性测定的因素有哪些?

② CAT 与哪些生化过程有关?

③ 吸光值测定中为什么要使用石英比色杯?

实验2-12

植物组织过氧化物酶（POD）活性的测定

一、实验目的与原理

1. 目的

掌握比色法测定过氧化物酶（POD）活性的原理及方法。

2. 原理

POD催化过氧化氢氧化酚类的反应，产物为醌类化合物，此化合物进一步缩合或与其他分子缩合，产生颜色较深的化合物。在POD存在下，过氧化氢可将邻甲氧基苯酚（即愈创木酚）氧化成红棕色的4-邻甲氧基苯酚。用分光光度计在470 nm波长处测定4-邻甲氧基苯酚的吸光值，即可求出POD的活性。其反应为：

二、实验用品

植物根系、海藻组织等。

分光光度计，移液管，离心机，秒表，研钵，天平，等等。

0.1 mol/L Tris-HCl缓冲液（pH 8.5）：取 12.114 g三羟甲基氨基甲烷（Tris），溶解于 800 mL蒸馏水中，用盐酸调pH至 8.5后用蒸馏水定容至 1 L。

0.2 mol/L磷酸缓冲液（pH 6.0）：分别量取 0.2 mol/L磷酸二氢钠溶液 87.7 mL和 0.2 mol/L磷酸氢二钠溶液 12.3 mL，充分混匀。

反应混合液：量取 0.2 mol/L磷酸缓冲液（pH 6.0）50 mL、过氧化氢 0.028 mL、愈创木酚 0.019 mL，充分混合。

三、实验内容

1. 酶液提取

取待测组织（吸干表面水分）0.5 g，剪碎置于4℃预冷的研钵中，加 5 mL 0.1 mol/L Tris-HCl缓冲液（pH 8.5），研磨成匀浆，于低温（0 ~ 4℃）以 4 000 r/min的转速离心 5 min，倾出上清液。残渣中加入 5 mL的 0.1 mol/L Tris-HCl缓冲液（pH 8.5），再次离心。合并两次上清液，即为POD粗提液，4℃保存备用，使用前可根据情况进行稀释。

2. 反应

取光径 1 cm比色杯 2个：在其中一个中加入反应混合液 3 mL和煮沸（5 min）失活的POD粗提液 1 mL，作为空白对照；另一个中加入反应混合液 3 mL，POD粗提液 1 mL。立即开启秒表记录时间，用分光光度计在波长 470 nm下测量吸光值（A_{470}），每隔 1 min读数 1次，共测定 5 min。以每分钟内吸光值变化表示酶活性大小。

3. 计算

每分钟A_{470}变化 0.01 为 1 个活力单位，即：

$$A = \frac{\Delta A_{470} \times V_{\mathrm{T}}}{W \times V_1 \times 0.01 \times t} \qquad (2-12-1)$$

式中：A为过氧化物酶活性，单位为U/（g·min）；ΔA_{470}为反应时间内吸光值的变化；V_{T}为粗酶提取液总体积，单位为mL；V_1为测定用粗提酶液体积，单位为mL；W为样品鲜重，单位为g；0.01指A_{470}每下降 0.01 为 1 个酶活单位；

t 为反应时间，单位为min。

四、注意事项

① 酶的提取、纯化需在低温下进行。

② 过氧化氢要在反应开始前加，避免长期放置造成过氧化氢分解。

③ 酶促反应较快，计时应准确、快速。

五、思考题

① POD的生物学活性有哪些？

② 试述POD活性的定义。测定POD活性要注意控制哪些条件？

实验2-13

植物组织脯氨酸含量的测定

一、实验目的与原理

1. 目的

学习植物体内脯氨酸含量测定的原理及方法。

2. 原理

植物在受到低温、高温、干旱、盐碱等不同环境因子的胁迫时，体内游离脯氨酸的含量会发生明显的变化，变化程度与胁迫程度以及植物自身的抗逆特性有明显关联。因此在植物逆境生理研究中，脯氨酸作为常用指标之一反映植物的抗逆性。

脯氨酸的提取方法根据提取试剂不同，可以分为甲醇-氯仿-水浸提法、乙醇浸提法、水浸提法和磺基水杨酸浸提法。本实验所选择的磺基水杨酸浸提法与其他方法相比，耗时短，操作简便，避免了其他氨基酸的干扰，且适用于不同状态的样品（干样或鲜样）中脯氨酸的提取。在酸性条件下，脯氨酸可与茚三酮溶液发生显色反应，产生稳定的红色络合物。萃取后该络合物在 520 nm 波长处有最大吸收峰。在一定范围内，脯氨酸浓度的高低与其吸光值成正比。

二、实验用品

高等植物叶片、海藻组织等。

分光光度计、离心机、水浴锅、旋转振荡器、研钵、烧杯、移液器、容量瓶、具塞试管。

质量分数为 2.5% 的酸性茚三酮试剂：称取 2.5 g 茚三酮放入烧杯，加入 60 mL 冰乙酸和 40 mL 浓度为 6 mol/L 的磷酸，70℃加热溶解。冷却后储存于棕色试剂瓶中，4℃保存。有效期 2 ~ 3 d。

标准脯氨酸溶液：将 5 mg 脯氨酸溶于 500 mL 的体积分数为 80% 的乙醇溶液中，溶液中脯氨酸终浓度为 10 μg/mL。

体积分数为 3% 的磺基水杨酸溶液，甲苯。

三、实验步骤

1. 标准曲线的制作

配制浓度为 10 μg/mL 的脯氨酸标准溶液。取 7 只具塞试管，根据表 2-13-1 加入各试剂，混匀后在沸水中加热 60 min。试管取出冷却后，分别向各管中加入 5 mL 甲苯，充分振荡，萃取，使红色物质全部转入甲苯层。静置 40 min。待完全分层后，用移液器吸取甲苯层，用分光光度计于 520 nm 波长处测定吸光值。以 OD_{520} 为纵坐标，脯氨酸含量为横坐标，绘制标准曲线。

表 2-13-1　用于标准曲线制作的试剂配制表

试剂	0	1	2	3	4	5	6
脯氨酸标准溶液 /mL	0	0.2	0.4	0.8	1.2	1.6	2.0
蒸馏水 /mL	2	1.8	1.6	1.2	0.8	0.4	0
冰乙酸 /mL	2	2	2	2	2	2	2
酸性茚三酮试剂 /mL	4	4	4	4	4	4	4

2. 游离脯氨酸的提取

称取 0.1 ~ 0.5 g 叶片材料，加 5 mL 3% 磺基水杨酸，充分研磨后转移至离心管中，在沸水浴中提取 15 min。冷却后，以 3 000 r/min 的转速离心 10 min，取上清液待测。

3. 游离脯氨酸的测定

取提取液 2 mL 于具塞试管中，加入 2 mL 冰乙酸和 4 mL 酸性茚三酮试剂，摇匀，在沸水浴中加热 60 min。冷却至室温后，加入 5 mL 甲苯，充分振荡，萃取红色产物。萃取完全后静置 40 min。待完全分层后，吸取甲苯层，用分光光度计于 520 nm 波长处测定吸光值。

4. 计算

根据所测定的吸光值和标准曲线的回归方程计算出脯氨酸含量。样品中脯氨酸含量可由以下公式进行计算：

$$\text{脯氨酸含量（μg/g）} = \frac{C \times V}{W \times V'} \qquad （2\text{-}13\text{-}1）$$

式中：C 为提取液中脯氨酸浓度，单位为 μg；V 为提取液总体积，单位为 mL；V' 为测定时所吸取的体积，单位为 mL；W 为样品质量，单位为 g。

四、注意事项

① 酸性茚三酮试剂现用现配，不宜存放时间过久。

② 所有样品显色反应中的加热时间应保持一致，且不宜过久，以免出现沉淀，干扰实验结果。

五、思考题

① 脯氨酸的生理作用有哪些？

② 如果采用其他方法提取脯氨酸，有哪些需要注意的问题？实验步骤应做怎样的调整？

实 验2-14

种子生活力的快速测定

种子生活力是指种子萌发的潜在能力和种胚所具有的生命力，通常用具有生命力种子的数量占种子总数的百分率来表示。种子生活力决定了物种繁衍的能力，在农业生产中是衡量种子品质和农艺性状的重要指标之一。在种子储藏过程中，定期进行种子生活力的测定是非常必要的。常规的直接发芽法受时间和条件因素限制，无法进行快速检测。在实际应用中，可根据种子萌发的生理特点，采用较为简便的方法快速获得结果。

一、氯化三苯基四氮唑（TTC）法

1. 实验目的与原理

（1）目的

掌握快速测定种子生活力的TTC法的原理和操作。

（2）原理

具有生命活力的种子，种胚都会进行呼吸作用，处于深度休眠状态的种子也不例外。TTC是一种氧化还原指示剂，可溶于水中形成无色溶液。呼吸作用中所形成的脱氢酶（尤其是线粒体内的琥珀酸脱氢酶）可以将TTC还原，生成红色、不溶于水的三苯基甲臜（TTF）。活力衰退或部分丧失的种子，染色较浅或仅局部被染色。

2. 实验用品

植物种子。

烧杯，大试管，试管架，试管夹，刀片，镊子，恒温箱或水浴锅。

TTC试剂，蒸馏水，体积分数为95%的乙醇溶液。

3. 实验内容

① 称取 0.5 g TTC 于烧杯中，加入少许体积分数为95%的乙醇溶液，溶解后转移至容量瓶中，用体积分数为95%的乙醇溶液定容至 100 mL，配制成质量分数为 0.5%的TTC溶液，避光保存备用。

② 将待测种子在 30 ~ 35℃温水中浸泡（不同种子浸泡时间不同，小麦、大麦 6 h，玉米、蚕豆种子 5 h，籼稻 8 h，粳稻种子 2 h），使其充分吸胀，以增强种胚的呼吸强度，便于后续显色迅速。如仅为验证实验，建议选择小麦种子，方便观察。

③ 随机选择吸胀的种子 100 粒（豆类去除种皮，稻类去除外壳），用刀片沿种胚的中心线纵切为两半。每粒种子均取其切开后的一半置于一支大试管中，加入适量质量分数为 0.5%的TTC溶液，浸没种子。30 ~ 35℃条件下静置处理 0.5 ~ 1 h。

④ 将每粒种子的另一半置于另一支大试管中，加入少量蒸馏水，在沸水中煮 5 min，灭活种胚，加入等量的质量分数为 0.5%的TTC溶液，30 ~ 35℃染色处理 0.5 ~ 1 h，作为对照。

⑤ 染色结束后，倒出TTC溶液，用清水冲洗后观察结果。凡种胚被染成红色的即为活种子。

⑥ 记算活种子的百分率：

$$活种子的百分率（\%）=\frac{种胚染成红色的种子数（粒）}{供试种子数（粒）}\times100\% \qquad (2-14-1)$$

二、红墨水染色法

1. 实验目的与原理

（1）目的

掌握快速测定种子生活力的红墨水染色法的原理和操作。

（2）原理

细胞的原生质膜对物质具有选择透过性。具有生活力的种子的原生质膜会因对染料的选择透过性而阻止染料进入细胞，种胚不会被染色。死亡细胞的原生质膜活性丧失，染料可以穿过原生质膜对种胚进行染色。因此可以通过种胚的着色情况来判断种子的活力。

2. 实验用品

植物种子。

烧杯，培养皿，刀片，镊子，恒温箱或水浴锅。

红墨水、自来水。

3. 实验内容

① 量取一定体积红墨水原液于烧杯中，加入 19 倍体积的自来水，稀释为红墨水染液，备用。

② 将待测种子在 30 ~ 35℃温水中浸泡（不同种子浸泡时间不同，小麦、大麦 6 h，玉米、蚕豆种子 5 h，籼稻 8 h，粳稻种子 2 h），使其充分吸胀，便于后续操作。如仅为验证实验，建议选择玉米种子，方便观察。

③ 随机选择吸胀的种子 100 粒（豆类去除种皮，稻类去除外壳），用刀片沿种胚的中心线纵切为两半。每粒种子均取其切开后的一半置于盛有红墨水染液的培养皿中，确保被完全浸没，染色 5 ~ 10 min。染色后倒去红墨水，用清水反复冲洗，直至冲洗液无色为止。

④ 将每粒种子的另一半在沸水中烫煮杀死，同样进行染色、清洗处理，作为对照。

⑤ 生命力较强的种子完全不被染色。胚的局部或大部分被染色的个体就是生活力不同程度降低的种子。

⑥ 记算活种子的百分率：

$$活种子的百分率（\%）=\frac{胚部染成红色的种子数（粒）}{供试种子数（粒）} \times 100\% \quad （2\text{-}14\text{-}2）$$

三、思考题

① 试从原理、优缺点、适用范围等方面进行比较本实验中的两种快速检测方法。

② 实验测得的活种子比例与种子实际发芽率是否一致？为什么？

③ 在浸种过程中，种子内发生了哪些变化？

综合性实验

实验2-15

种子萌发过程中有机物的转变

一、实验目的与原理

1. 目的

掌握种子萌发过程中各主要大分子物质水解产物的测定方法。

2. 原理

在种子萌发过程中，储藏物质淀粉、脂肪、蛋白质在各种水解酶的作用下，转变成简单的有机化合物，如葡萄糖、脂肪酸、氨基酸等。这些物质是构成新器官的材料，也是呼吸作用的原料。

种子萌发过程中，淀粉在各种水解酶的作用下，转变成各种糖类。转化成的糖中有还原糖，因此转化的多少可用费林试剂测定。在碱性溶液中，还原糖能将 Ag^+、Hg^{2+}、Cu^{2+}、Fe^{3+} 等金属离子还原，而糖本身则被氧化成各种糖酸。

油类作物种子萌发时储藏的脂肪在脂肪酶的作用下，水解产生甘油和脂肪酸。甘油可转化为甘油醛进而形成糖或其他化合物。自由脂肪酸的积累使酸价提高，因此，可以用标准碱液滴定。根据滴定过程中标准碱液的消耗量可间接推测出生产脂肪酸的多少和脂肪酶的活性。

豆类种子在萌发时，蛋白质迅速水解，产生氨基酸，而氨基酸可与茚三酮反应，最后产生蓝紫色化合物。可用此性质来测定蛋白质转化成氨基酸的多少。

二、淀粉的转化

1. 实验用品

小麦种子。

大试管，研钵，洗瓶，量筒，水浴锅。

费林试剂：

A液：溶解 3.5 g 硫酸铜晶体（$CuSO_4 \cdot H_2O$）于 100 mL 水中。B液：溶解酒石酸钾钠晶体 17 g 于 15 ~ 20 mL 热水中，加入 20 mL 质量分数为 20% 的氢氧化钠溶液，用蒸馏水稀释至 100 mL。使用时 A、B 两液等体积混合。

蔗糖溶液：配制 1 mol/L 的蔗糖溶液（母液），用稀释法分别配制成浓度为 0.1 mol/L、0.2 mol/L、0.3 mol/L、0.4 mol/L、0.5 mol/L、0.6 mol/L 等一系列浓度不同的蔗糖溶液（浓度范围可根据样品情况进行调整）备用。

2. 实验内容

① 取适量小麦种子置于培养箱内，20℃下浸种，获得发芽种子。另取适量小麦种子置于培养箱内，20℃下浸种，获得吸胀未发芽种子。

② 取发芽的与吸胀未发芽的小麦种子各 10 粒分别研磨，用 10 mL 30℃ 水冲入量筒中，充分摇匀后，静置 15 ~ 20 min。

③ 各取等量上清液加入试管中，各加 5 mL 费林试剂，然后将试管放在沸水浴中加热 15 ~ 20 min，观察有无红色氧化亚铜沉淀生成，比较萌发与未萌发种子还原糖的含量。

三、脂肪的转化

1. 实验用品

大豆。

研钵，三角瓶，碱式滴定管，铁架台，漏斗，纱布，滤纸，封闭电炉，量筒。

0.05 mol/L 氢氧化钠溶液，质量分数为 1% 的酚酞指示剂。

2.实验内容

① 取适量大豆置于培养箱内，25℃下浸种，获得发芽种子。另取适量大豆置于培养箱内，25℃下浸种，获得吸胀未发芽种子。

② 取吸胀未发芽种子 15 粒，放在研钵内，加水 10 mL。充分磨碎后，略加水（不能超过 20 mL）稀释，用纱布及滤纸过滤入 100 mL 量筒中。冲洗残渣数次，洗液一起滤入量筒内。加水定容至 100 mL，混匀。另取发芽种子 15 粒，制作方法同上。

③ 用量筒量取上述滤液各 25 mL，分别放在 100 mL 三角瓶中，加入质量分数为 1% 的酚酞指示剂 3 滴，用 0.01 mol/L 氢氧化钠溶液进行滴定，至滤液呈浅红色且 1 min 不退色为止。滴定时所用氢氧化钠溶液的多少，即表示酸碱性强弱。如溶液酸性强，说明脂肪水解产生的脂肪酸多、含量高。试比较吸胀未发芽种子与发芽种子的酸性。

四、蛋白质的转化

1.实验材料及用品

大豆。

试管，封闭电炉，试管架，研钵，漏斗，滤纸，滴管，纱布，量筒。

质量分数为 1% 的茚三酮乙醇溶液，体积分数为 80% 的乙醇溶液。

2.实验内容

① 取适量大豆置于培养箱内，25℃下浸种，获得发芽种子。另取适量大豆置于培养箱内，25℃下浸种，获得吸胀未发芽种子。

② 取吸胀未发芽种子和发芽种子各 15 粒，分别研磨。在研磨过程中加入适量体积分数为 80% 的乙醇溶液，用纱布及滤纸过滤入 100 mL 量筒中。冲洗残渣数次，洗液一起滤入量筒内。加体积分数为 80% 的乙醇溶液定容至 100 ml，混匀。滤液即作为测定游离氨基酸用。分析并补充表 2-15-1 中 "？" 部分所应添加的试剂量。

③ 取干净试管 8 支，按表 2-15-1 加入各试剂。观察并记录实验现象。

表 2-15-1　反应液配制表

试剂	管号							
	1	2	3	4	5	6	7	8
吸胀未发芽滤液滴数	10	20	30	40	—	—	—	—
已发芽滤液滴数	—	—	——	—	10	20	30	40
蒸馏水滴数	?	?	?	?	?	?	?	?
质量分数为 1% 的茚三酮乙醇溶液滴数	5	?	?	?	?	?	?	?

五、注意事项

① 浸种的时间要适宜，吸胀未发芽种子要保证吸胀充分又未能萌发。

② 浸种温度不宜过高，保持较高湿度，但种子不能完全浸没，以免种子缺氧腐烂。

六、思考题

① 影响种子萌发的因素有哪些？这些因素分别会对本实验的结果产生怎样的影响？

② 试比较萌发天数不同的种子中还原糖、脂肪酸和游离氨基酸含量的差别。

实验2-16

温度对大型海藻生长和部分生化组分的影响

一、实验目的与原理

1.目的

了解温度对大型海藻生长和生化组分含量的影响。掌握多种实验技能的综合运用，初步探索大型海藻对温度变化的响应机制。

2.原理

温度是影响大型海藻存活与生长的重要环境因子之一。温度的变化可以通过影响海藻细胞膜流动性、酶的活性等使大型海藻的形态结构、生长、生化组成等方面发生变化。

二、实验用品

石莼。也可选择其他常见大型海藻。

光照培养箱，天平，充气泵，充气管，气石，分光光度计，打孔器，锥形瓶，样品袋。

培养液：经过滤、灭菌处理的海水，使用硝酸钠和磷酸二氢钾（或磷酸氢二钾）调节营养盐浓度至硝酸氮（NO_3^--N）为 10 mg/L，磷酸盐磷（$PO_4^{3-}-P$）为 1 mg/L。

三、实验内容

1. 海藻暂养

于野外采集新鲜石莼，去除附生物后，用打孔器打孔，获得直径为 1 cm 的藻片。将藻片置于光照培养箱中，添加灭菌、过滤海水充气暂养 3 d，温度 15℃，光量子数为 90 μmol/(m²·s)，光暗周期比为 12 h：12 h，每天更换灭菌、过滤海水。

2. 温度处理

暂养结束后，选取健康的藻片，称重后放于锥形瓶中，按照 0.5 g/L 的密度添加培养液充气培养，光照等条件与暂养相同。设置 5 个温度梯度，分别为 2℃、7℃、12℃、17℃、22℃，每个温度设置 3 个平行组。培养周期为 12 d，每 3 d 更换 1 次培养液。

3. 样品收集

培养实验结束后，将藻片取出，迅速放置于吸水纸上，吸干藻体表面水分，称取藻体湿重，记录数据，并将藻体存放于耐低温的聚乙烯样品袋中，置于 -20℃ 冷冻保存。

4. 计算

根据以下公式进行相对生长率（RGR）计算：

$$RGR = (\ln W_0 - \ln W_t)/t \times 100\% \qquad (2\text{-}16\text{-}1)$$

式中：W_0 为藻体培养前的初始湿重，W_t 为藻体培养 t 天后的湿重。

5. 生化组分测定

依照以下方法测定藻体内各生化组分。

（1）可溶性蛋白质含量采用考马斯亮蓝法（见实验 2-7）测定。

（2）叶绿素含量采用丙酮萃取法（见实验 2-5）测定。

（3）可溶性糖含量采用蒽酮法-硫酸比色法（见实验 2-6）测定。

6. 数据处理

记录实验测定数据，并通过 Excel、SPSS 等软件进行统计分析。

四、注意事项

① 个体较小的海藻可直接选择单株藻体进行实验。个体较大的海藻，有两种取材方式：片状藻体，如石莼、裙带菜、海带，可选择用打孔器在分生部位打孔获取藻片进行实验；非片状藻体，如鼠尾藻、江蓠，可在分生部位选取部分藻体（如截取藻体尖端部位 3 cm 的藻段）进行实验。

② 实验中的暂养温度应与样品采集地海水温度相同。实验中对照组温度应同暂养温度，其他温度水平可根据不同海藻的生物学特性或实验的不同要求进行设定。

③ 对用于进行色素测定的样品，为避免色素见光分解，建议采用铝箔包裹后 −20℃冷冻保存，尽快测定。

五、思考题

① 为什么要在分生部位获取实验材料？

② 实验前暂养的目的是什么？

③ 高温和低温分别会对植物产生怎样的影响？

实 验2-17

盐度对大型海藻抗氧化酶活性的影响

一、实验目的与原理

1. 目的

了解大型海藻抗氧化酶和脯氨酸在盐度胁迫反应中的应答变化。掌握海藻样品处理、室内培养、指标物含量检测等多项实验技能的综合运用，初步探索大型海藻对盐度变化的响应机制。

2. 原理

盐度是影响海藻生存的重要环境因子之一。局部的海水盐度相对稳定，但在近岸海域如潮间带、河口区，潮汐、风、降水、蒸发等因素经常会引起盐度的剧烈变化。短期剧烈的盐度变化会干扰海藻的正常生理代谢，诱导活性氧的产生，从而刺激抗氧化系统做出应答，降低活性氧的毒害。

二、实验用品

石莼。也可选择其他常见大型海藻。

光照培养箱，天平，盐度计，充气泵，充气管，气石，分光光度计，打孔器，锥形瓶，样品袋。

培养液：经过滤、灭菌处理的海水，使用硝酸钠和磷酸二氢钾（或磷酸氢二钾）调节营养盐浓度至硝酸氮（NO_3^--N）为 10 mg/L，磷酸盐磷（$PO_4^{3-}-P$）为 1 mg/L。

液氮，海水晶。

三、实验内容

1. 暂养

于野外采集新鲜石莼，去除附生物后，用打孔器打孔，获得直径为 1 cm 的藻片。将藻片置于光照培养箱中，添加培养液充气暂养 3 d，温度 15℃，光量子数为 90 μmol/（m² · s），光暗周期比为 12 h ∶ 12 h，每天更换培养液。

2. 盐度处理

暂养结束后，选取健康的藻片，称重后放于锥形瓶中，按照 0.5 g/L 的密度添加培养液充气培养，温度、光照等条件与暂养相同。在培养液中添加适量海水晶进行盐度调节，设置 3 个盐度水平，分别为 10、30、50，每个盐度设置 3 个平行组。培养周期为 3 d，每 3 d 更换 1 次培养液。

3. 取样

分别于培养 12 h、24 h、36 h、48 h 和 72 h 时取样。将藻片取出，迅速放置于吸水纸上，吸干藻体表面水分，称取藻体湿重，记录数据，并将藻体投入液氮中迅速冷冻，存放于冻存管中，置于 -80℃保存备用。

4. 指标测定

依照实验 2-10、实验 2-11、实验 2-12 方法分别测定藻体 SOD、CAT、POD 含量。

5. 数据处理

记录实验测定数据，并通过 Excel、SPSS 等软件进行统计分析。

四、注意事项

① 如选择其他种类海藻作为实验对象，样品前处理方式同实验 2-16"四、注意事项"中所述。

② 实验中的培养温度应与样品采集地海水温度相同。实验盐度可根据不同海藻的生物学特性或实验的不同要求进行设定。

③ 各抗氧化酶活性受环境影响显著，培养结束收集样品时务必确保样品

速冻，最大限度固定酶活状态。样品冻存时间不宜过久，应尽快测定。测定过程也应注意低温操作，以确保实验结果的准确性。

五、思考题

① 三种抗氧化酶活性呈现怎样的变化趋势？是否存在相关性？

② 盐度变化会对藻类产生怎样的生理影响？

③ 如果选择不同生态位的海藻开展本项实验，结果会有怎样的差别？

实验2-18

干露对大型海藻生长和脯氨酸含量的影响

一、实验目的与原理

1. 目的

学习海藻干露培养实验的操作方法，了解干露对海藻生长的影响，探索海藻利用脯氨酸应对干露环境的调节机制。

2. 原理

自然分布于潮间带的海藻会因为潮汐等因素面临干露的生存环境。干露会影响海藻的一系列生理生化反应，并最终使海藻呈现出生长上的差异。脯氨酸因其良好的渗透压调节功能，被认为与植物抗逆性密切相关。

二、实验用品

石莼。也可选择其他常见大型海藻。

光照培养箱，天平，烘箱，充气泵，充气管，气石，分光光度计，打孔器，锥形瓶，样品袋。

培养液：灭菌、过滤海水，使用硝酸钠和磷酸二氢钾（或磷酸氢二钾）调节营养盐浓度至硝酸氮（NO_3^--N）为 10 mg/L，磷酸盐磷（$PO_4^{3-}-P$）为 1 mg/L。

液氮，海水晶。

三、实验内容

1.海藻暂养

于野外采集新鲜石莼，去除附生物。用打孔器获得直径为 1 cm 的藻片。将藻片置于光照培养箱中，添加经过滤、灭菌处理的海水充气暂养 3 d，温度 15℃，光量子数为 90 μmol/（$m^2 \cdot s$），光暗周期比为 12 h ： 12 h，每天更换经过滤、灭菌处理的海水。

2. 干露处理

选取健康的藻片，称重后放于锥形瓶中，按照 0.5 g/L 的密度添加培养液充气培养，温度、光照等条件与暂养相同。根据每日干露时间长度不同，设置 0 h、1 h、2 h、3 h 和 4 h 5 个干露处理组，每组设置 3 个平行组。培养周期为 12 d，每 3 d 更换 1 次培养液。每日干露处理时，将藻片取出，沥干水分后，放置于干净的培养皿中，于暂养温度下培养。干露处理结束后，放回至锥形瓶中继续充气培养。

3.样品收集

选取健康的藻片，迅速放置于吸水纸上，吸干藻体表面水分，称取并记录藻体湿重。样品用可封口的样品袋封装，于−20℃保存备用。

4.指标测定

分别测定藻体的相对生长率（RGR）、叶绿素a和叶绿素b含量（见实验2-5）、脯氨酸含量（见实验2-13）。

5.数据处理

记录实验测定数据，并通过Excel、SPSS等软件进行数据的统计分析。

四、注意事项

① 如选择其他种类海藻作为实验对象，样品前处理方式同实验 2-16 "四、注意事项"中所述。

② 实验中的培养温度应与样品采集地海水温度相同。干露时间长度可根

据不同海藻生物学特性或特殊的实验要求进行调整。

五、思考题

① 干露处理会对石莼的生理活动产生哪些影响？

② 条斑紫菜的人工栽培方式中会涉及干露处理，请分析其原因。

生长素和乙烯对叶片脱落的效应

一、实验目的与原理

1. 目的

脱落的自然调节是由叶片（或果实）中的生长素的抑制作用和乙烯的促进作用来实现的。幼嫩的叶片产生大量的生长素，从而防止了叶片的脱落。但当叶片衰老时，一方面从叶片中的生长素下降到低水平，使离层细胞对乙烯的敏感性增强；另一方面，乙烯生物合成量增加，使得脱落发生。

2. 原理

本实验是在包括叶柄脱落带的一段外植体上进行的。当应用高浓度的生长素时，由于组织对乙烯不敏感，虽然大量的乙烯放出，但脱落仍然推迟。但在生长素浓度低的条件下，离层组织对乙烯敏感。生长素促进乙烯释放，使叶柄的脱落加速。

二、实验用品

培养 10 d 的黄豆植株。

直径 6 cm 培养皿，直径 3 cm 培养皿，刀片，镊子，胶布。

琼脂，萘乙酸。

三、实验内容

① 培养基制备。准备 4 个直径为 6 cm 的培养皿，按照 A ~ D 编号。准

备 1 个直径为 3 cm 的培养皿，编号为 E。之后分别进行以下操作。

A：倒入质量分数为 1.5% 的琼脂溶液约 10 mL。

B：倒入质量分数为 1.5% 的琼脂溶液（含 5×10^{-5} mol/L 的萘乙酸）10 mL。

C：倒入质量分数为 1.5% 的琼脂溶液（含 5×10^{-4} mol/L 的萘乙酸）10 mL。

D：将培养皿 E 放入其中。向培养皿 D 内倒入质量分数为 1.5% 的琼脂溶液 5 mL（含 5×10^{-4} mol/L 的萘乙酸），在培养皿 E 中倒入不含任何生长素的质量分数为 1.5% 的琼脂溶液 5 mL。

A、B、C、D 的 4 个培养皿盖上盖，在室温下使培养基冷却凝固。

② 培养操作。将在 25℃ 条件下生长 10 ~ 15 d 的黄豆植株上充分展开的叶片切下，留下 0.5 cm 长的叶柄及中脉，将叶肉组织去除干净。切下的外植体可以借助湿滤纸保持湿润。共切 50 个大小一致的外植体。在培养皿 A、B、C、D、E 内的培养基中各插入 10 个外植体，外植体基部朝下，插入深度 1 ~ 3 mm。插好后盖好盖子。培养皿 D 要用胶布封严。

上述 5 个培养皿为 1 组，共设置 3 组重复。将培养皿放在 25 ℃、光照条件下培养。

③ 观察结果。分别于培养 48 h 及 1 周后，用铅笔轻轻触碰外植体，记录各处理发生脱落的外植体数量，计算各组平均数，并对各处理结果进行差异显著性分析。

四、注意事项

注意培养器皿、培养基的灭菌以及培养过程中的无菌操作。

五、思考题

① 本实验中所应用的萘乙酸是如何在外植体中运输的？试从外植体上部的切口上施用生长素，得到的结果和本实验结果是否相同？

② 乙烯和脱落酸对脱落的影响如何？试用不同浓度的脱落酸及乙烯做实验，观察其对叶片脱落的效应。

③ 同一处理不同外植体脱落的快慢为什么存在差别？如先将外植体插在不含生长素的琼脂内 1 d，再转移到生长素含量不同的琼脂中去，或者用不同叶龄的外植体做实验，会得到什么结果？高温和低温分别会对植物产生怎样的影响？

参 考 文 献

蔡庆生.植物生理学实验［M］.北京：中国农业大学出版社，2013.

蔡永萍.植物生理学实验指导［M］.北京：中国农业大学出版社，2014.

苍晶，赵会杰.植物生理学实验教程［M］.北京：高等教育出版社，2013.

陈刚，李胜.植物生理学实验［M］.北京：高等教育出版社，2016.

陈建勋，王晓峰.植物生理学实验指导［M］.广州：华南理工大学出版社，2015.

陈叶，马银山.植物学实验指导［M］.天津：天津大学出版社，2016.

董树刚，吴以平.植物生理学实验技术［M］.青岛：中国海洋大学出版社，2006.

WITHAM F H，BLAYDES D F，DEVLIN R M.植物生理学实验［M］.北京：科学出版社，1974.

高俊凤.植物生理学实验指导［M］.北京：高等教育出版社，2006.

高俊山，蔡永萍.植物生理学实验指导［M］.2版.北京：中国农业大学出版社，2018.

何凤仙.植物学实验［M］.北京：高等教育出版社，2000.

李玲.植物生理学模块实验指导［M］.北京：科学出版社，2009.

刘虹，金松恒.植物学实验［M］.武汉：华中科技大学出版社，2014.

刘家尧，刘新.植物生理学实验教程［M］.北京：高等教育出版社，2010.

刘萍，李明军，丁义峰，等.植物生理学实验［M］.北京：科学出版社，2016.

刘涛.大型海藻实验技术［M］.北京：海洋出版社，2016.

刘文哲.植物学实验［M］.北京：科学出版社，2015.

马三梅，王永飞，李万昌.植物学实验［M］.2版.北京：科学出版社，2018.

王建书.植物学实验技术［M］.2版.北京：中国农业科学技术出版社,2013.

王丽,关雪莲.植物学实验指导［M］.北京：中国农业大学出版社,2013.

王三根.植物生理学实验教程［M］.北京：科学出版社,2017.

王小菁.植物生理学［M］.8版.北京：高等教育出版社,2019.

王幼芳,李宏庆,马炜梁.植物学实验指导［M］.2版.北京：高等教育出版社,2014.

吴鸿,郝刚.植物学实验指导［M］.北京：高等教育出版社,2012.

萧浪涛,王三根.植物生理学实验技术［M］.北京：中国农业出版社,2005.

谢国文,廖富林,廖建良.植物学实验与实习［M］.广州：暨南大学出版社,2011.

徐晓峰,吴锦霞,莫蓓莘.植物生理学实验指导［M］.广州：华南理工大学出版社,2012.

许桂芳.植物学实验实习指导［M］.郑州：河南科学技术出版社,2013.

晏春耕.植物学实验技术［M］.北京：中国农业出版社,2017.

姚发兴.植物学实验［M］.武汉：华中科技大学出版社,2011.

姚家玲.植物学实验［M］.北京：高等教育出版社,2017.

姚志刚,赵丽萍.植物学实验指导［M］.北京：高等教育出版社,2020.

叶创兴,冯虎元,廖文波.植物学实验指导［M］.2版.北京：清华大学出版社,2012.

余前媛.植物生理学实验教程［M］.北京：北京理工大学出版社,2014.

张蜀秋.植物生理学实验技术教程［M］.北京：科学出版社,2011.

张志良,瞿伟菁,李小方.植物生理学实验指导［M］.4版.北京：高等教育出版社,2009.

中国海洋大学海洋生命学院.植物学实验指导［M］.青岛：中国海洋大学出版社,2005.

周忠泽,许仁鑫,杨森.植物学实验［M］.合肥：中国科学技术大学出版社,2016.